世纪波
Century Wave

U0839961

重塑心智

提高大脑创造力的反直觉策略

[美] Roger Seip（罗杰·赛普）[美] Robb Zbierski（罗柏·齐比尔斯基）著
刘志斌 **译**　张 莉 **审校**

Master Your Mind

Counterintuitive Strategies to Refocus and Re-Energize Your Runaway Brain

電子工業出版社
Publishing House of Electronics Industry
北京 · BEIJING

Master Your Mind: Counterintuitive Strategies to Refocus and Re-Energize Your Runaway Brain by Roger Seip, Robb Zbierski
ISBN：9781119508182

版权贸易合同登记号　图字：01-2019-3410

图书在版编目（CIP）数据

重塑心智：提高大脑创造力的反直觉策略 /（美）罗杰·赛普（Roger Seip），（美）罗柏·齐比尔斯基（Robb Zbierski）著；刘志斌译．—北京：电子工业出版社，2020.11
书名原文：Master Your Mind：Counterintuitive Strategies to Refocus and Re-Energize Your Runaway Brain
ISBN 978-7-121-39661-8

Ⅰ．①重… Ⅱ．①罗… ②罗… ③刘… Ⅲ．①成功心理－通俗读物 Ⅳ．① B848.4-49

中国版本图书馆 CIP 数据核字（2020）第 210007 号

责任编辑：刘　殊
印　　刷：北京天宇星印刷厂
装　　订：北京天宇星印刷厂
出版发行：电子工业出版社
　　　　　北京市海淀区万寿路173信箱　　邮编：100036
开　　本：880×1230　1/32　印张：8.875　字数：185千字
版　　次：2020年11月第1版
印　　次：2020年11月第1次印刷
定　　价：64.00元
凡所购买电子工业出版社图书有缺损问题，请向购买书店调换。若书店售缺，请与本社发行部联系，联系及邮购电话：（010）88254888，88258888。
质量投诉请发邮件至zlts@phei.com.cn，盗版侵权举报请发邮件至dbqq@phei.com.cn。
本书咨询联系方式：（010）88254199，sjb@phei.com.cn。

谨以此书献给那些一直在问我“什么时候能看到你的书”的朋友们。

——罗柏·齐比尔斯基

推荐人

（排名不分先后）

施建农　中国科学院心理研究所研究员、博士生导师

李天国　中国劳动和社会保障科学研究院研究员

戴科彬　猎聘创始人兼CEO

唐秋勇　法国里昂商学院全球人力资源与组织创新研究中心联席主任

朱建霞　深圳市诗碧曼集团董事长

兰启昌　腾讯高级产品经理

汪　洋　深圳读书会创始人

聂有诚　亚太人才服务研究院执行院长

倪　瀛　FESCO Adecco CEO

陈国海　广东省人力资源研究会常务副会长兼秘书长、广东外语外贸大学商学院教授

潘卫平　江西省人力资源发展协会秘书长、宁波人力资源服务行业协会秘书长

高　蕾　任仕达大中华区董事、总经理

庄　志　英格玛人力资源集团董事长兼总裁

张锦荣　万宝盛华集团（中国）荣誉总裁

高正贤　绿宝石科技公司董事、华为前高管

张险峰　清华大学深圳国际研究生院就业办教师
白永亮　白话劳动法创始人
魏浩征　劳达laboroot及塞氏中国研究院创始人
闫　伟　职多多CEO
梁潇尹　几何外包联合创始人
王首冲　深圳世图教育投资公司董事长
杨朝晖　领英（中国）高级客户经理
媛　媛　知名阅读推广人
李欣航　深圳广播电影电视集团《女人帮》栏目执行制片人
刘　翌　《私域流量池》作者，加推科技首席战略官、加推学院院长
蔡晓鹏　国际风尚少儿模特大赛组委会会长
张阳阳　湾创邦（深圳）科技有限公司创始人
徐　楠　天虹数科商业股份有限公司总经理助理、人力资源总监
赵　雷　德胜管理顾问
夏　翚　个人成长教练、知名IC设计公司人力资源总监

推荐语

（排名不分先后）

让自己变得更好，才是解决一切问题的关键。了解自己的大脑，掌握正确的方法，才会成为那个更好的自己。这本书就是指南针，可以帮你到达彼岸。

——汪洋，深圳读书会创始人

学习、从业、经商、创业和生活，都充满着“欲速则慢，凡是曲成”的哲理。“蚂蚁和大象”寓言中的“东方绿洲”是我们都能抵达的理想彼岸，而较好的路径就是领悟本书的真谛，让“受掌控的大脑”带你去远方！

——聂有诚，亚太人才服务研究院执行院长

这是一本很好的书，篇幅不长但观点鲜明、案例新颖，希望读者在阅读中跟随实践，收益多多。

——倪瀛，FESCO Adecco CEO

不要为这“故事书”般的“外表”所蒙骗！本书通俗易懂的文字里藏着丰富的神经科学理论和实战案例。跟上作者的步伐吧，你一定不后悔踏上这趟重塑心智、提升自我效能的旅程！

——陈国海，广东省人力资源研究会常务副会长兼秘书长、广东外语外贸大学商学院教授

直觉思维——大脑的“默认设置”，已不能适应大数据时代。谁的思维率先进化，谁就能拥有未来。

——潘卫平，江西省人力资源发展协会秘书长、宁波人力资源服务行业协会秘书长

这个世界充满了未知，正是由于在各个领域都有勇于探索、积极思考和尝试的人，经过无数次的失败和总结，才实现了突破，引领了发展。如同此书，从神经科学理论到实战案例，引领我们探索大脑连接和心智思维，走出思维陷阱。书里的“欲速则慢”“少即是多”都是我特别认可的理念。人的大脑就像行李箱，需要用的时候提起，不用的时就把它放下，否则会一直拖着沉重的行李，无法自由地奔跑。一位成功的企业家，想要在企业的舞台上活出精彩，必须智慧与涵养兼具，并且深谙心理学，相信此书会给你带来意想不到的收获。

——高蕾，任仕达大中华区董事、总经理

本书非常棒！我非常认同“欲速则慢”“少即是多”的理念，让自己慢下来，学会倾听，你一定会收获更多！

——庄志，英格玛人力资源集团董事长兼总裁

翻译需要两项功力，一是外语文学语言的功力，二是中文的专业写作功力。这是叠加的创作，甚至比直接写一本书还难。曾记得年轻时读翻译家傅雷的译作，那种独树一帜的“傅雷体华文语言”真是至高的享受。我读了一下本书，很有趣味，很难用几句简单的话来表达我的感受。我们来一起探索吧。

—— 张锦荣，万宝盛华集团（中国）荣誉总裁

本书很接地气，抽象性与故事性相结合，冲破思维定式的束缚，不墨守成规，是修炼心灵的一本好书。

——高正贤，绿宝石科技公司董事、华为前高管

“快速提高成绩，快速提升能力，快速迭代……”，这是我们常常听到和看到的。本书却告诉我们“欲速则慢”，教会我们如何“掌控你的大脑”，如何在保持专注并放松的状态下达成目标。感谢志斌老师的翻译工作，令本书增色很多！

——张险峰，清华大学深圳国际研究生院就业办教师

“先有努力的程度，再有努力的质量”“重塑心智”“提高大脑创造力的反直觉策略”，简单的语言，质朴的道理。本书让我从另一个视角来审视世界，感触颇深。快节奏的社会，碎片化的信息，多元化的声音，更需要我们慢下来，从大脑出发，坚守内心，并且掌握新的方法。相信这本书会引起更多人的共鸣，引导大家回归本质，轻松开始！

——白永亮，白话劳动法创始人

这是一部极其有趣、有料、有意义的心理学佳作，要想提升人生效能和幸福感，请打开此书。

——魏浩征，劳达laboroot及塞氏中国研究院创始人

志斌，我的好朋友，也是我的领导力教练，得益于他的努力，本书可以与大家见面，这是一本可以让自己快速成长的心智工具书，值得反复研读！

——闫伟，职多多CEO

意识的高境界是自我觉知。本书能让我们的大脑察觉到更适合自己的自我觉知，做出更好的行动，规划未来。真心将此书推荐给对心理学感兴趣的朋友，先了解自己的大脑，再通过练习驾驭大脑，找到更幸福的自己。

——梁潇尹，几何外包联合创始人

本书道出了成功的秘密：走出舒适区。无论是创业、学习，还是健身等，道理都相同。数据表明，只有8‰的人有毅力走出舒适区。本书可以帮你走出舒适区，重塑心智。

——王首冲，深圳世图教育投资公司董事长

“脑子好使”是北方人评价一个人聪明的用语。一个“使”字，背后是有科学的。志斌的译作，给出了“使”字的道理和原则，用时下流行语收底，即应用场景很多。大脑里的世界，从外部观察和提炼，已然不易，志斌洞悉其微，发馈其弘，用有趣的语言，带我们周历其中。这一趟旅行，着实唤醒了我们的大脑。

——杨朝晖，领英（中国）高级客户经理

书中很多内容都让人耳目一新，比如潜意识里没有“不”这个字、2毫米原理、两小时解决方案等。相信通过本书，我们能拨开迷雾，重塑大脑，培养新的思维习惯，排除障碍，解答困惑和避免失败，让更多美好进入我们的生活。

——媛媛，知名阅读推广人

在这个“唯快不破”的时代，这是少数能教你让大脑“慢”下来的书。而其中的奥妙，你只能亲身去体会。

——李欣航，深圳广播电影电视集团《女人帮》栏目执行制片人认识志斌已一年有余。志斌本人既是心理学专家，也是创业者和多家知名公司高管的辅导顾问。丰富的经历，造就了志斌多元化的洞察能力。志斌也是我所接触到的国内为数不多能够融会贯通心理学、创业知识和商业行为的高手。志斌对本书的诠释和解读带来了别样的精彩。如果读者悉心研读，一定会有不一样的体会和收获。

——刘翌，《私域流量池》作者，加推科技首席战略官、加推学院院长

人类对大脑活动规律的探索可能永远不会停止，书中有很多种帮助我们更好认知大脑、探索潜意识的方法，值得品味。

——蔡晓鹏，国际风尚少儿模特大赛组委会会长

创业的过程，也是创始人重塑心智的过程。遇到瓶颈时不妨慢一点，快速发展时更需要慢一点，回望初心，利用本书中的心理学知识积蓄力量，朝着长远目标稳步发展。志斌老师是心理学家，也是创业者，还是创业者成长路上的心理学顾问和亲密朋友。

——张阳阳，湾创邦（深圳）科技有限公司创始人

现代人在社会交往中总会因各种环境而焦虑，适当掌握一些神经科学理论与心理学案例，可有效地帮助我们降低焦

虑、重塑心智，在职场中提升效能，在生活中提升幸福感。本书值得一读，著译者深入浅出地为我们介绍了一些聚焦心智思维的方法和生动的小案例，有趣、有用、有效。

——徐楠，天虹数科商业股份有限公司总经理助理、人力资源总监

这是一本让我产生强烈的阅读意愿的书，好久没有看到这样有关心智模式的书了。它通俗易懂、朗朗上口。现实中，解决问题的方法多种多样，而本书好像打开了另一扇窗，教会了我很多改变心智模式的方法和思路，让我豁然开朗。

——赵雷，德胜管理顾问

志斌是我认识的非常有趣、非常接地气的心理学家，他用丰富的经验和深厚的文化底蕴，为我们呈现了一本对个人成长非常有指导意义的心理学图书。通过对大脑、潜意识等心理学知识的阐述，让我们更加了解自己；通过“欲速则慢”等原理的阐述，让我们在信息纷杂的时代能很清晰地找到开发自我潜能的关键方法，明确自己想要什么，并且保持专注。非常棒的一本书，值得一读！

——夏翚，个人成长教练、知名IC设计公司人力资源总监

审校者序

初识志斌是在中国科学院心理研究所的博士研究生班的课堂上，当时听他介绍自己时，我就对他留下了深刻的印象，不仅因为他的表达能力让人信服，更因为他丰富的职业生涯经历，以及对心理学的那份执着与诚恳打动了所有人。

随后几年，志斌深耕人力资源管理领域和心理学研究，并获得了诸多的荣誉。尽管如此，他仍未忘却将人力资源和心理学进行结合的尝试和探索，一直在努力寻找帮助人们提高创造力的科学窍门儿，希望能用最通俗易懂的语言和最简单直接的操作引领广大职场从业人员和年轻的朋友在自我提升的路途中少走弯路，结伴前行。本书就是志斌为大家带来的其中一项成果，他看到优秀的内容就迫不及待地想和大家分享，也就有了《重塑心智：提高大脑创造力的反直觉策略》的面世。

在我们生活的这个时代，科学对大脑运作机制的探索和理解突飞猛进。我们不再对所谓“提高自我的创造力”进行胡乱猜测，取而代之的是一些具体的知识和重要的行为习惯的养成。本书在系统性地总结了人的创造力和行为动力的科学研究的基础之上，引导着每一位对自己的创造力有着无限想象空间的年轻人重新认识自己，感受全新的自己带来的生命惊喜。

最重要的是，本书提出了“欲速则慢”的道理——如果你放慢脚步，你会更快达到目标。本书为个人、为组织提供了更有效的、反直觉的实现目标和业绩的方式：S-L-O-W。从新的视角处理旧的问题，就像呼吸到了全新的空气，你会感到豁然开朗、心旷神怡；它向你展示了如何达到“心流”状态，通过“爬行”，你会“飞”的更高、更远。

在此，我就不赘述书中的精彩片段和提升技巧了，希望你有幸与它结缘，慢慢地体会它带给你的智慧和湉澈。

中国科学院心理研究所　张莉

引 言

要想快？那就先慢下来。

——大卫·艾伦（David Allen），《搞定》（*Getting Things Done*）

罗杰的故事："欲速则慢"

人生的经验和教训有时会不期而至，就像写这本书的灵感源于我在跑步时与一位78岁的老奶奶擦肩而过的那一刻。

有几年的时间，我一直努力为跑马拉松做准备，但结果不尽如人意。其实，我坚持跑了一阵子，努力尝试着恢复到以往最佳的状态，但最终都没有成功。主要是因为我一直受伤病困扰，先是脚，接着是膝盖，随后是臀部，每次受伤都让我几个月不能跑步。其间，我几次三番地想重新回到训练状态，但还是"三天打鱼，两天晒网"。

为了搞清楚怎样才能跑得更快、更久，我读了一些书，其中谈到的观点竟然是"要想提升跑步速度应该先慢下来"。当读到这些内容时，我完全不得要领。我一直坚信，想跑得更快，就要不断加速！"欲速则慢"这个观点违反直觉，甚至让人感觉本末倒置了。

事实上，这个方法真的有效！这不是一本关于训练跑步的书，就不占用你太多的时间来解释枯燥的原理了，以下这个简单的描述可能就够了。

如果你要跑1600米以上，你必须依赖自身的有氧供能系统。它是你体内的能量生成系统，能燃烧体内脂肪并最有效地提升氧气转化效能。因此，最佳的训练是你的速度要停留在可以提高心率但又不会造成呼吸困难的水平上。对我而言，这个速度令我非常痛苦、郁闷、无所适从！这个训练方法的科学原理是，跑步时让你的心率保持在目标范围，这样可以强化你的有氧供能系统。当你的有氧供能系统变得越来越强大、越来越活跃时，氧气的转化效能就会迅速提升，你的跑步速度也会随之提高。如我之前所说，这虽然看起来退步了，但按照我之前的方法，并没有取得任何有效进展，所以我就想："好吧，反正我也不会有什么损失。"

这种训练方法最终把我变成了一个速度更快的跑者，但这是一个非常缓慢的过程，尤其一开始的时候。当然，这也是一个循序渐进的过程。连续几周，跑步速度很慢很慢，是一位可爱的老奶奶让我下定了决心。

请记住，从15岁起我就是一名运动员——虽然谈不上很优秀。但不管怎么样，我还是名运动员，平时在意自己的身体状况，而且整体感觉是很不错的。一天早上，当我悠闲地慢跑的时候，你可以想象在跑步时不断有人超过我的画面。当一位看起来一米九以上、身着"威斯康星大学田径队"T恤的二十来岁的小伙子，迈着矫健的步伐从我身边飞驰而过时，我觉得太正常不过了。随后，一位三十来岁的、看起来像研究生的学生超过我时，我仍按照自己的节奏悠然自得地跑着。但是，当一位看起来身高不到一米五的老奶奶从身后超过我时，我的自尊心开始受到了打击。请别误会，老奶奶超级友好，经过时还朝我回眸一笑，接着很快把我远远地甩在了后面。

我简直不敢相信，就在刚才的跑道上，一个比我年纪大一倍的老奶奶竟然超过了我。尽管这不是真正的比赛，但人都有自尊心。

这个意外的插曲让我看清了自己在做什么。虽然没有必要，但我还是鼓起勇气问自己："这种训练方法真的有用吗？"随后，奇迹出现了。几周之后，我跑步时的最佳心率随着每次跑步时长的增加在慢慢地提高了。回想起来，其间虽然我曾感到无所适从，但实际训练结果证明了这真的有效。

令人难以置信吧，放慢速度竟然让我跑得更快了。

之后，我开始思考"欲速则慢"的原则应用在现实中的其他方面是不是也能奏效。当我在现实中的其他方面践行这个原则时，我发现，我的事业、家庭、收入及我生活的方方面面，都给我带来了持续的、意想不到的积极回馈。

在某一刻，我想起了一些事情。记得我刚开始做销售时，我的导师丹·摩尔（Dan Moorc）曾教过我"火箭/蜗牛"哲学——在与潜在客户交谈时，你要像火箭一样高速运转，但与实际客户交流时，你要像蜗牛一样静心、慢速。我还记起另一位导师珍妮特·阿特伍德（Janet Attwood），她告诉我“目标、专注、放松”，即专注工作，同时在放松状态下通往成功！

“心流状态”（Fow State）的完整概念——最佳体验，许多人称为“进入心流区”（In the Zone）——对我来说变得更加清晰了。回想起我所经历的每个重大突破——无论是获得金钱还是实现商业成果——最后都是通过放慢速度实现的。这完全违反直觉……似乎没有逻辑，甚至有些倒退，但结果是无可辩驳的。

让四处游荡的大脑慢下来（放慢“比赛”节奏），我在现实的各个方面都能更快地取得成果。当放慢脚步运用这本书里介绍的方法时，我的工作和生活变得更好：更有效率、更优雅、更轻松、压力更小。这不就是我们想要的吗？

小贴士

“欲速则慢”这个概念将是本书反复出现的主题。其实《重塑心智：提高大脑创造力的反直觉策略》（*Master Your Mind*）最初的书名是《蜗牛和火箭》。在这本书的写作和编辑过程中，在书名和封面上，我们发现“欲速则慢”的表达方式其实有很多，不要错过这些重要的内容。神经科学和客户的经验都告诉我们，想尽快得到你想要的结果，是需要你先放慢速度的。

罗柏的故事

“嘿……”

体育场内，200名高中生齐声尖叫。我的心怦怦直跳，因为我知道接下来会发生什么，那一刻我不是很兴奋。还好我所坐的位置比较隐蔽，他们看不到我不情愿的样子。好吧，该我们上场了。

这太愚蠢了，我们为什么要用这种毫无意义的语言对对方大喊大叫？这对我们有什么帮助？为什么学校把这些家伙带进来，让我们在彼此面前看起来像笨蛋一样？我杂乱的思绪被一声“嘣——嘭”打断。

周围的同学都在拼命尖叫，好像要把其他同学从看台上撞下去。

“嘿……”对方回应我们。

每个人都笑了，我也笑了，突然我明白了——我错过了精彩内容。

我开始等待，平静下来倾听。如果花更少的时间担心自己像个笨蛋，花更多的时间享受当下，生活将变得容易得多。毕竟，400名高中生在一起玩耍，有399个人乐在其中，而我是错过了精彩内容的那个人。

这是我关于减慢速度来提升效能的第一个人生经验。很多情况下人都需要这样。放慢你的思绪、放松你的感知、放下你的信念、放慢你脑海中故事的节奏、降低你行动的速率，是你走出固有生活模式，追寻理想生活的第一步。

多年以来，我被各种各样的、零散的工作和经历压得喘不过气来：杂货店店员、园林设计师、自行车店员工、设施服务协调员、计算机实验室经理、公关实习生、活动协调员、宣传协调员、项目经理、销售经理、全球营销经理等，还有其他我有意或无意忘记的。

在每一项工作中，我经常发现自己被夹在“我们走得太快了”和“快点，我们得赶紧把这件事做完”这两种极端情况中，这时会有一个微弱的声音提醒我，不需要这么快的节奏。在与来自不同背景、不同职业、不同教育水平的人们的交谈中，我几乎每天都会想起这一点。这是生活中常见的模式——人们要么走得太快，要么跟不上，总感觉自己失控了。这个情况是不可持续的，是时候控制一下局面了。

多年以来，一直有人建议我写一本书。朋友、家人和客户都在问：“什么时候能看到你的书？”我一直都没有做出回应。我感觉没有什么原创的或有趣的东西跟大家分享，抑或因为太忙了没时间写。毕竟，没有人会想看那些重复讲过的话。然后，我想到了这句话：

或许我错过了，或许其他人也一样错过了。

所以，我希望本书能够帮助你接受生活中的更多东西。我通过组合创造了这个新词语“接受+例外”（accepting and exceptional）。我相信，当你放慢脚步，退后一步，思考并接受生活中更多的东西时，你的生活会有意外的收获。

所以请慢下来，享受阅读。希望你能从书中找到些许有价值的东西。因为你永远不知道什么时候会有机会和周围的人一起大声尖叫。想象一下，在情绪高涨的情况下，或者在你有所保留的情况下，创造出永恒记忆的景象，你会从这样的经历中获得非同凡响的体验。

更快地得到结果……这意味着什么

如果你正在阅读本书，想获得确切的结果一定对你很重要……事实上，你可能仍有些困惑。你可能属于以下类别中的一类：

- 你是某种类型的专业销售人员——财务顾问、房地产经纪人、保险代理、医药代表，或者撰写商业书籍的专业人士。你可能得到佣金，也可能不会，但在你的职业生涯中有一个很重要的信念——“按劳取酬”。你的工作表现与你家人的生活水平密切相关。
- 你有自己的公司，或者你是有某种资格证书的专业人士。我们与许多传统和非传统的企业主、高管、医生、律师、会计师等合作。你可能不认同自己是销售人员，事实上，你可能对任何有售卖嫌疑的人或事避而远之，但无论如何……你的职业要求你和你的客户／病人一起有所收获。

不管怎样，关键是你需要让事情——让有形的事情——

每天都发生。你有：

- 要挑战的指标
- 要实现的目标
- 要发展的团队
- 要服务的客户 / 病人
- 要赚的钱
- 要完成的项目
- 要赶上的截止日期
- 要赢得的比赛

还有很多……你可能不想在工作时筋疲力尽，你希望以一种感觉很棒的方式获取积极的成果；你不怕为实现目标而努力工作，但你也不太想在这个过程中自我耗竭；你在生活中寻找一种和谐的方式，而不只是工作、工作、工作，就像永不停歇的齿轮。当然，你想变得富有，想成功，但你知道生活不只有金钱。当你展望未来一两年（或更长时间）的生活时，你希望拥有一种真正繁荣、热情、平静的生活……在生活的方方面面，你都是真正的赢家。

少即是多

如果这就是你想要的，让我们清楚地知道，答案不仅仅是做更多的事情。你感觉到了，对吧？别误会我们，你需要付出巨大的努力才有可能取得巨大的成就。如果你来这里寻找无须费劲的神奇方法，那你就来错地方了。努力工作是正解。

我们要说的是，要解决你内心的困惑，仅靠努力是不够的……它不是解决问题的办法，它只在一定程度上起作用。举例来说：如果你现在每周工作50小时（很多人都这样），想要收入翻番，那么实现这一目标的方法之一就是让工作的小时数翻番。从数学上讲这个逻辑是对的，但这个策略有两个明显的问题：

1. 每周工作100小时非常累。一周只有168小时，除了工作和睡觉你什么都做不了。
2. 当你想把收入再翻一番时会发生什么？每周工作200小时，这是不可能的，所以……现在要怎么做？

当然，这是一个过于简单的例子，你应该已经明白我想说什么了。

给你的努力设置一个“努力的门槛”吧！如果你觉得自己的努力程度低于这个门槛，那就提高努力的程度。在你职业生涯的头几年，如果你是一名财务顾问，就需要花费大量的时间和精力，参与各种活动，否则你将失败。如果你是一名运动员，就需要大量的练习和训练。在任何对结果的追求中，你必须首先达到取得成功所需的努力门槛。所以，如果你现在低于这个门槛，就集中精力跨过这个门槛。本书可以帮助你达到这个门槛。

一旦跨过了这个门槛，进步就不再是努力程度的问题了——马上就变成了努力的质量问题。它关乎你的专注力、技能、存在感、意向性及进入所谓“最佳状态”的掌控度。

当你的专注力、技能和存在感等不断提升时，结果会呈指数级增长和无限级扩展。绩效提升的天花板不存在了，你具备了驾驭能力。当勤劳努力的客户达到这一层次后，可量化的绩效会迅速改善，结果通常令人大吃一惊。他们会看到商业收入突破一直以来的瓶颈而迅速提高，在一年内翻两番、三番甚至四番。客户服务评级飙升，招聘效率成倍提高。关键是，这一切都是在较少或没有额外努力的情况下发生的。

更重要的是，这种不断提升的感受会让你感觉很棒!我们的客户经常会体验到一种非同寻常的感觉，即一天结束时比一天开始时还精力充沛。他们敏锐地意识到做事情非常顺畅，这是因为：

- 与对他们而言最重要的事情保持了一致。
- 以一种对他们的大脑真正有效的方式来完成。

这种感觉就像是魔法，但其实它不是。学习如何将适度的努力与高效的存在感、专注力、意向性和“最佳状态”结合起来，你最终会做到这些的……当你明白四处游荡的大脑喜欢被驾驭时，这也就说得通了。

所有优化大脑性能的关键——存在感、专注力、意向性和“最佳状态”——你知道在这些方面获得提升的关键是什么吗?

放慢速度。

我们需要放慢“比赛”的速度，放慢四处游荡的大脑的速度。如果想以指数级的速度得到结果，你就需要慢下来。

通过放慢速度来加速……这听起来有悖常理，但确实有效。

如何最大限度地利用本书

如果你读过我们的第一本畅销书《训练大脑，走向成功》（*Train Your Brain for Success*），你会发现它在很多方面像一本练习册。本书则不同，它更容易理解。下面是如何从本书的学习中获得最大收获的几个建议。

Tip#1：读它

按自己的节奏阅读就好。有些人把好书一口气读完，如果你是这样的话，那太棒了。一些人会一次读几章，然后在几周或几个月的时间里慢慢品味，这也是咀嚼这些文字的好方法。除非你把它束之高阁，否则阅读本书真没有什么“错误”的方法。如果你想让阅读更高效，用高光笔做标注和记笔记是个不错的建议（实际上这些是放慢阅读速度的好方法），不管怎样，只要确保你是真的在阅读本书就行。

更快速阅读的提示

你会看到，本书被分成2个部分。

第1部分：放慢大脑的运行速度，这会让你感觉更好，了解大脑底层究竟发生了什么……是什么阻止了你。

第2部分：放慢“比赛”的速度，这是我们在工作坊和教练关系中教给客户的具体方法和策略。

第1部分为战术提供了基础（“为什么这些东西起作用”），包含一些科学知识——我们本身不是科学家，但是我们发现如果大多数客户了解一些脑科学基础知识则会有所帮助。同时，我们都在关注这些方法的应用和使用。因此，我们强烈建议你阅读第1部分——了解大脑底层的运作模式是非常重要的。但如果你不喜欢枯燥的理论，或者你只是喜欢行动步骤……你可以直接进入第2部分，先行动起来，然后增强你对理论的理解。

Tip#2：阅读时，积极寻找一些可以马上实现的东西

书里有很多让你受益的内容。你将对大脑内部的工作原理有新的认识，你会从别人的实际例子中获得一些闪光点，你会学到一些被证明能在短期和长期内产生更好效果的超级有效的技术。

在现场研讨会和主题演讲中，我们经常看到客户陷入一个陷阱，他们摩拳擦掌，试图做太多事情。思考过程像这样：

“天哪，这太棒了。我要改变一切！每天起床、睡觉、说话、思考、行动都不一样……我要做的每件事都不一样!”

不，不是这样的。其实你并不需要每件事都不一样，你不需要把每件事都做得与众不同，也绝不需要把每件事都做得半途而废。你需要的是认真对待少数的事情。

什么是少数？一个还是两个？如果本书能够帮助你在一到两个实践中或思维模式上升级，那你就可能实现大规模的升级了。所以，重复一遍：你在这里要找的是一两件事，要么思考不同，要么做得不同。可以吗？

Tip#3：行动起来，拥抱不美好

当你确定要做某些事情时，如果立即采取行动，将获得最大的收益。阅读本书的收获是你可能想要做出某些改变。例如，我们经常看到客户在以下实践中升级：

- 如何醒来
- 如何入睡
- 如何制订每周计划
- 如何自言自语或谈论自己
- 如何将行动和目标联系起来
- 如何列出“待办事项”或“不做事项”清单
- 对什么说“是”，对什么说“不”

很多事情不能在这里一一罗列，本书分享了几十种你可以用来提升的可能性方法。关键是，当这些方法中的一个与你产生共鸣时，请尽快采取行动。如果你想改变你醒来的方式，那就在你下次醒来的时候做。如果你决定在接下来的一周运作“两小时解决方案”，那就马上制订计划。从一小步开始是个好主意，但最重要的是，迈出这一步。

关于采取行动，还有两个提醒：

1. 无论你选择什么行动步骤，要持之以恒。

   至少坚持30天，当然，60~90天会更好！教练帮助客户做的一件事就是重新调整大脑结构，将内部“设定点”重新调整到一个更高的表现水平。实现这种重新连接的关键是“它不可能即时发生”。重新连接你的大脑（也就是建立一个新习惯）需要至少30天的持续行动，而90天是一个更安全的保证。

2. 当你开始按照在这里学到的方法行动时，首先要做好会感觉不舒服的心理准备。

   我们使用的方法看似简单，却是绝对违反直觉的。一些方法看起来平淡无趣，开始时你可能觉得有些尴尬，甚至遇到一些阻力，这些阻力要么来自“你大脑里的微小声音”（慢慢变得更多），要么来自你的世界里的其他人。可能有人告诉你这有点疯狂，如果有，请理解，这都是正常的，是你不断成长的一个迹象。

让我们开始行动吧！

目录

第1部分　慢思考：让大象为你工作吧

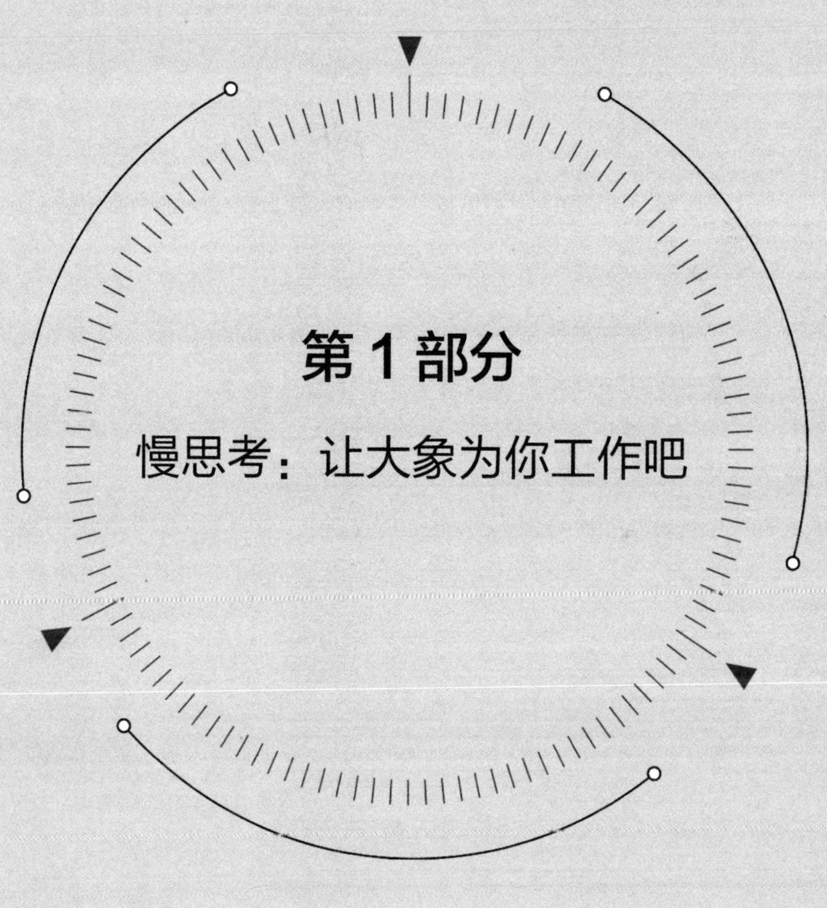

第 1 部分

慢思考：让大象为你工作吧

第1部分，借由科学研究和逸闻趣事，我们先来谈谈慢思考（让你的大脑慢下来）。我们会分享一些神经科学和量子物理学的最新研究，以及我们与客户的实际经验。

通过阅读第1部分：

你将了解大脑底层的运作机制。你会了解当大脑在物理上减慢振动频率时会发生什么。你还会识别出一些大脑预先编程过的“默认设置”，并了解如何停止破坏。

相信你会发现第1部分不仅在学术层面有趣、在个人层面有启发性，并且在你的日常活动中也非常实用。

开始享受吧！

第1章

减速，加速，大脑四处游荡……我们到底在说什么

没有所谓的过度训练……只有不足够的休息。

——艾伦·利姆（Allen Lim）博士，Skratch实验室创始人

减速……到底是什么意思

罗柏：

在自行车行业近十年的工作经历，使我有很多机会学习如何通过放慢速度来提升速度。但经常性的快思考方式很可能让我错失了其中很重要的东西。直到有一天，我的朋友艾伦·利姆提醒了我。利姆博士是全球顶尖的运动生理学权威之一，尤其在自行车运动领域。自行车运动领域以外的人可能不知道他的名字，但如果我们罗列一份运动员名单，这些运动员们做过的同一件事就是都专门聘请利姆博士来帮助他们赢得奖牌和各类比赛，这份名单就足以说明利姆博士的专业水平了。

第一次听他说起这个，是在几年前他为一个环法自行车队做完咨询后。他跟我们分享了这几个月经历过的事情和感受，他的描述使我们的感受也越来越清晰。

不管你对自行车的看法如何，环法自行车赛可以说是所有运动中最难、最艰苦的项目之一。完成赛事需要相当的韧性。参赛者通常连续三周每天至少骑行160千米，其间仅有两天休息时间。赛程包括攀岩、短跑和数小时的逆风骑行，以及无数次往返于车队汽车以补给食物、水或满足其他需求。被蚊虫叮咬、出现皮疹、被晒伤、长出马暗疮（是的，太糟糕了，你能想到的都有可能发生）。在比赛前后，许多相应的治疗药物是被禁用的，所以，参赛者必须做好经历这些痛苦的准备。

艾伦跟我们分享了他的工作——帮助自行车运动员保持健康和强壮，使其能坚持到比赛的最后一周。很多运动员认为，无论如何，他们都需要日复一日地坚持。他们被告知："这会让你明天更强大，所以要更快一些!"这是许多专业人士在从事销售、客户服务、临床、保险、房地产和贸易职业时固有的心态。

艾伦的工作是帮助运动员学习、理解和应用不同的技术，以保证他们在比赛中准确地利用适量体能完成任务，从而使他们的身体能够在下个阶段开始之前完全恢复。登山者只需在攀登时尽最大努力，短跑运动员可以坐在那里直到最后一刻。"破风手"（保护队友，为队友节省体力的人）可以轮流行动，他们走在队伍前面的时间不会超过一分钟。

这些自行车运动员的经验教训是：他们认为自己的工作太累了。实际上，是因为没有适当的休息，身体没有恢复，从而感到很疲倦。人们为了达到目标，常常耗费精力做一些不需要做的事情，而忽视了需要足够的"休息时间"让自己的身体好好恢复。今天的任务还没完成就在想着明天的任务，你完全没有处于恰当的状态，相反，你正在制造混乱。没有"减速"是你精疲力竭的原因。

为成为常态的改变：“行动！”

事情是这样的：阅读本书的大多数朋友都不是专业的自行车运动员。但书中的经验教训对你个人和职业生涯的发展都很重要。你可以用房地产经纪人、财务顾问、艺术家或任何你的职业或目标来进行替换。

想象一下，一位正学习着65系列课程（65系列课程是美国大多数州要求投资顾问通过个人考试和获得证券许可证所需要学习的课程）的财务顾问，在一个忙碌的工作日结束之后，他需要花大量时间来学习课程。他已经很累了但也要试着看书，有点儿心不在焉，读了之后也记不住，这样的状况一遍又一遍地重复着。他开始想，如果不完成学业会发生什么呢？这让他感觉很紧张，开始熬夜，睡不好觉。第二天，每项工作完成的效率都不高。这时，你有没有意识到，“熬到底”的想法对你有好处吗？你是否开始注意到，多一些“休息时间”将有助于你在“工作时间”可以更有效地工作？

不要为了得到你想要的而“熬到底”。请不要忽略现实。开始重新思考如何处理事情，如何投入适当的时间、精力和脑力，不仅要更明智地工作，还要更明智地思考。更明智的思考意味着我们要少进行“小”思考，多进行“大”思考，减少过度思考，多一些放松状态。

现实生活中的例子

关于欲速则慢的道理，现实生活中有很多例子可以帮助我们理解其重要性。

航空公司飞行员的工作是安全地从出发地飞到目的地。如果能按时到达，就是奖励！但最终目标是安全到达目的地。

多少次我们乘坐航班时，坐在机舱座椅上，感觉有点儿闷热，想着什么时候能起飞。突然，广播里传来了悦耳的声音："女士们、先生们，我是本次航班的机长。我们的飞机现在排位12号，准备起飞。请大家别担心，我们会在空中加速。所以，现在请坐好、放松，我们一会儿就要起飞了。"

你可能认为飞行员需要加速才能准时到达目的地。为了准时到达，他需要比原计划飞得更快，但风险也更大。

飞行员到达目的地空域后，要按照当地空中交通管制员安排的飞机着陆顺序着陆。一到那儿，飞行员会收到指令，告诉他要在什么时间以怎样的速度到达什么位置，以保持空中交通顺畅。

这其中最容易被忽视的重要部分是，飞行员为了达成目标（安全降落目的地），需要做的最重要的事情是让飞机减速。如果飞行员不降低飞行速度，就不能着陆，也就永远无法达成目标。

现实生活中有很多项目、洽谈、活动和会议等，之所以没有达成目标，就是因为人们从来不去想是不是需要花一秒钟的时间先“关闭油门”，让事情缓一缓再达成目标，反而都是急刹车，让一切戛然而止。

另一个是关于橄榄球的例子（是美式足球，不是英式足球）。为了拿到球开始比赛，进攻中的每个人都需要站着不动。如果有人在进攻端抢球，就是犯规，要接受惩罚，被移到离球门更远的地方。这也就意味着“前进了一步，而后退了两步”。

你在雪地里开过车吗？如果开过，你就知道当你在打滑的路面上行驶时，遇到的最糟糕的事情就是要尽你所能地把车弄回到车道上。如果没有这样的经验，我来给你讲讲发生了什么。你的车会顺着它的路线行驶，所有跟你差不多体重的驾驶员都不可能把两到三吨重的汽车弄回到车道上。不管你怎么努力，或者以怎样的速度行驶，你都需要先减速。只有这样，轮胎才能抓住地，让你重新控制这辆车。

大脑的运行方式与此相似，如果顺其自然，大脑就会四处游荡，不在你的掌控之中。接下来我们就要讨论这些。

什么是四处游荡的大脑？为什么你应该关注它

做个“是/否”的小测试。

- 你是否有过这样的经历：第一次见某些人，和他们握手，重复他们的名字，五秒钟后你就记不起他们的名字了？
- 你是否有过这样的经历：当你快读完一篇文章时，忽然意识到你的大脑已经……开小差了，完全不知道自己刚刚“读”了什么？
- 你是否有过这样的经历：你工作到筋疲力尽，忽然意识到自己一整天都在原地打转，实际上什么也没完成？
- 你是否曾经半夜醒来，因为工作上的事情而无法继续入睡？

如果以上四个问题你都回答“是”，或者只有一个问题回答“是”，就说明你曾经历过大脑四处游荡的情形。

大脑是如何四处游荡的

你的大脑有两种“游荡”方式：有时它像小狗一样四处乱窜——你打开门，小狗从你两腿间挤出来，向前跑去，你想看看它跑哪儿去了。结果它……跑远了。

当你的大脑以以上这种方式四处游荡时，你就会：

- 健忘
- 不知所措
- 不知道测试问题的答案
- 纠结于“这一天都干什么去了”
- 感觉你正在失去什么，或者感觉可能做错了什么重要的事情

更常见的状况是，你和你的大脑一起“游荡”，这个麻烦更大一些。许多心理学家和作家都描述过大脑是如何“劫持”你的：你就像被锁在驾驶座上一样。你并不喜欢要去的地方或这条行驶路线，但你只能在没有任何控制力的情况被迫这样坐着。

如果你的大脑以以上这种方式四处游荡，你就会：

- 用脑过度引起失眠
- 压力巨大

- 沮丧、易怒、愤怒
- 疲惫和倦怠
- 无力感
- 焦虑
- 分心
- 缺乏自律，无效的时间管理
- 其他让你感觉快要发疯、停不下来的事情

不管怎样，这些都不是令人愉快的感受。你可能已经明白，四处游荡的大脑不仅令人不快，而且代价极其高昂。如果你是我们所说的那种会焦虑、分心、精力不足和健忘的人，大脑则会消耗你的能量。四处游荡的大脑会让你为此付出代价：

- 浪费时间
- 疏离个人和职业关系
- 销售额下降
- 更高的自然损耗或人员流动率
- 收入降低
- 自信心降低

显然，没人想这样。

坏消息是，我们的大脑天生就会四处游荡。你将在第4章了解大脑的无用默认设置，现在只是希望你能了解人们都具有强烈的且根深蒂固的倾向，这使我们只是……保持……重复犯这些错误，直到我们找到根本原因。好消息是，我们可以解决这些问题，这就是本书后面章节要呈现的内容。

一个小小的提醒

事实上，为了重新集中注意力，激活你游荡的大脑，知道如何应对你可能遇到的阻力是很重要的。一路上总会有人认为你疯了，所以让我们花点时间来理解为什么这一切首先是“违反直觉的”……

你可以重塑大脑

对于大多数人来说，他们对生活的很多看法是完全错误的。

你会从本书中获益良多——事实上，你是从你自己的生活中获益良多——如果你具有接受如下观点的开放心态，即很多我们被教导的或被灌输到我们头脑中的大部分“事实”……可能都不是真的。它们往往很容易令人相信，因为乍听起来似乎合乎逻辑，但这些错误可能对我们的生活产生负面甚至毁灭性的影响。

以下是来自不同领域的例子：

※我们中的大多数人都受到父母的教导，饭后30分钟内不要游泳，如果游泳我们会胃痉挛和溺水。人们很容易相信这个，原因似乎是吃东西后体重更重了，重的东西比轻的东西更容易下沉。这纯属无稽之谈！饭后游泳已被证明完全是没有问题的，相信这个“事实”的人至少体验了半小时的游泳乐趣。我们不会怀疑妈妈善意的初衷，这是传承了几代人的想法，并被视为真理传授给我们。实际上，这个例子无关紧要……然而，下个例子具有巨大影响。

※几十年来，整个医疗和卫生系统（有人称为综合医疗行业）一直倡导高碳水化合物/低脂饮食是补充身体能量、保持健康、避免心脏病甚至减肥的最佳方式。我们被告知要像躲避瘟疫一样远离脂肪，因为“肥胖会阻塞你的动脉”“食用脂肪会使你变得肥胖”。这很容易相信，对吧？听起来也符合逻辑。

遗憾的是，这是错误的。越来越多的研究（以及我们个人的经验）证明，保持健康，预防从心脏病到糖尿病等各种疾病的最佳减肥饮食，是一种几乎不含碳水化合物但依赖大量高质量脂肪的饮食。实际上，食用脂肪可以让你保持苗条和健康……但是吃糖会使你发胖并患上慢性病。

这种不正确的想法已经系统性地灌输给了大众，对数百万人产生了巨大的影响。自从美国的“食物金字塔”普及以来，心脏病、肥胖症、糖尿病、癌症和各种慢性病的发病率直线上升，并成为全球性的大流行病。值得庆幸的是，针对这个话题有许多书籍和不断发展的研究，在此不再赘述。但是，下一部分直接关系到你的大脑和你的成功。

※如果你像我们一样在学校里接受教育，成年后你的大脑就会“定型”。在这种教育背景下，大脑停止制造新的脑细胞，大脑结构成为固定模式，你得到了你所拥有的。从逻辑上讲，学习新事物变得不太可能，你的人生道路在20~25岁就已经基本定型。这听起来很有道理……但也是无稽之谈。教老狗学新把戏可能很难，但我们不是狗，我们是人。人类有一个最奇妙的说法是神经可塑性。请继续阅读……

神经可塑性在20世纪80年代被提出，彻底改变了人们对成功、个人发展和衰老的看法。神经可塑性呈现了这样的事实：人类的大脑确实能够产生新的脑细胞，并在人的整个生命周期中重新建立连接。即使我们年龄不同、种族或性别不同、教育背景有差异，神经通路仍然可以依据我们的意图来构建、重建和修改。

有些大脑是否比其他大脑需要更多的程序来“重新连接”？当然。但如果你能阅读本书（很明显我们在和你对话），毫无疑问，你就有能力重新连接你的大脑，无论从哪里开始，都会有结果。所以，请不要被别人用“什么有用，什么没用”的无知（或者更糟的、错误的）看法阻碍你追求卓越。而且绝对不要让多数人“左右你的行动……”他们似乎没有疑问，但他们往往是错误的。

你必须明白，当你为了改变和提升而采取行动时，你会遇到阻力。因为当你开始打破既定模式时，你就会成为一名叛逆者。你变得“不正常”。那些没有离经背道的人（“大多数人”）常常会下意识地认为你的新道路对他们构成了威胁。如果发生这种情况，他们有时会攻击你。质问你：“你怎么知道这是真的？”

当你开始重新集中注意力，重新激活你四处游荡的大脑时，你会感受到：

- 更有活力。
- 晚上睡得更好。
- 更有效率——用更少时间完成了更多事情。

- 更快乐。
- 对自己的生活有更大的掌控力，更有激情，更平静。
- 对高素质的人更具吸引力。

另外，你可能也会遇到：

- 人们开玩笑地称呼你为“正能量先生/小姐”。
- 在你的朋友圈里，有些人开始让你觉得厌烦和疲惫。
- 你周围的人为你曾经感兴趣但现在不感兴趣的事件所吸引。
- 一些长期的关系发生了变化，甚至消失。

当你经历这些时，不要让它们阻碍你。请注意这正在发生，因为你正在成长，请坚持下去。你可能需要寻求教练或导师的帮助才能坚持下去，但请坚持到底。周围环境发生的这些变化正像一时的风暴，当风暴平息时，你会处于一个更好的状态。

让我们开始行动吧！我们将通过帮助你更深入地理解大脑中到底发生了什么，尤其帮助你深入了解大脑中真正起作用的部分来开始这段旅程。有些地方可能看起来有些落后、奇怪或违反直觉，但是你很快就会对自己有更多的了解。让我们开始吧！

章节回顾

- 世上无难事，只因不够慢。
- 在击球前做好准备。
- 一开始会很难，先观察阻力而不是对抗它。

第2章

了解和运用潜意识

“大脑像一座冰山，浮在水面上的只是冰山的七分之一。”

——西格蒙德·弗洛伊德（Sigmund Freud），

精神分析学派创始人

我们最乐于看到客户完成双倍的业绩，同时每周有三四天的休息时间。这不能简单地通过“更努力地工作”或“更紧张”来实现。为了达到这些忍者级别的效率和速度，最好的方法是实现量子飞跃。你必须在你的引擎里找到一个全新的齿轮——一个我们都有的齿轮，但是我们大多数人都没有意识到这个齿轮。

这个齿轮叫作大脑潜意识。

你以前应该听过这个词，但可能没有全面认识到潜意识是如何运作的，或当你要实现目标时，它有多么强大。

“潜意识”字面上的意思是“意识之下”，所以它所做的一切，都是在你没有意识到的情况下发生的。潜意识发挥作用的标志是好事发生了而你什么都没做：销售完成了，交易完成了，奖励也获得了，但这种体验毫不费力。这就是潜意识的力量，这也让我们开始思考应该如何运用潜意识“这头大象”的力量。

正如你所看到的，大脑中意识部分和潜意识部分（或称无意识或任何你喜欢的专业术语）交织在一起，但它们并不相同，有完全不同的功能、不同的存在目的，起不同的作用，甚至位于大脑的不同部位。在许多情况下，对意识有效的方法往往对潜意识起截然相反的作用。

我们可以在本书的其余部分及其他几本讨论以上这些差异的脑科学书籍中了解得更清楚。本书是关于实际应用的，所以让我们用简单的词语来了解一下它们的基本区别，如表2.1所示。

表 2.1　意识与潜意识的基本区别

	意识	潜意识
运行基础……	逻辑	情感
擅长……	判断 / 评估	移动 / 行为
对与错……	道德	不道德的
作用……	设定目标	实现目标
参与……	培训	执行
思维……	单词 / 句子	图片
对时间的感知……	看到过去、现在、未来	总是现在
支配你的……	理性	直觉

意识和潜意识大脑的四个关键区别

你猜到了吗……你真的有两个大脑！一个是意识大脑，你意识到的部分，也是我们最常知觉到的部分。当我们“思考”时，通常谈论的是我们的意识大脑。

但潜意识大脑，即意识之下的那部分，就像当你研究亚原子粒子（它们的行为与原子、分子及更大的结构非常不同）时，潜意识大脑的行为与你意识到的部分非常不同。

让我们来探索潜意识大脑是如何工作的，以及对你追求的结果意味着什么吧。以下是意识大脑和潜意识大脑之间的四个关键区别。

区别 1：参与潜意识处理的神经回路比参与意识处理的要大几个数量级

大脑中约有1 000亿个脑细胞在运行。这是一个惊人的数字，从这个数字开始，当你意识到它们都相互联系的时候，你会觉得非常不可思议。这些单独的连接被称为神经通路，它们是真实的大脑物质。每条神经通路都对应着一种思维模式或一种行为。如果你想计算自己有多少条神经通路，让我们来帮助你。正确的答案应该是1 000亿的1 000亿次方，也就是1后面跟着很多个0，我们可能要花四年的时间才能把它们都写出来。也可能是“无穷大”。这里要理解的关键是，参与潜意识处理的神经通路与参与意识处理的神经通路的比例约为100万比1。对于你所意识到的每个思想或行为背后都有一个巨大的数字是你没有意识到的。这些你没有意识到的部分，给你带来了实际结果。

文斯·波森特（Vince Poscente）的《蚂蚁和大象》（*The*

Ant and the Elephant）是对我们公司和客户影响最大的一本书。我们强烈推荐这本书——它内容翔实，也非常简单。

我们的笔记对于理解意识和潜意识之间的差异非常有帮助，在这里跟大家分享。

* * *

故事从一只蚂蚁开始。一只蚂蚁对自己的生活状况很不满意。它一直在工作，似乎没有终点，勉强糊口。你懂的，这是经典的“蚁族生活”。这只特别的蚂蚁也为一种感觉所困扰，那就是它原本应该过上更有意义、更丰富多彩的生活，但它就是不能完全把控这种感觉。

这时，猫头鹰来了。聪明的老猫头鹰听到蚂蚁在抱怨它的生活，就大叫：“嘿，朋友，你看起来有点沮丧。”

蚂蚁：“是啊，我很沮丧！我一直在工作，勉强糊口，我觉得我命中注定要干这么多活儿。”

猫头鹰：“那是因为你注定要得到更多。猜猜看怎么着？你可以做到这一切，但你必须去绿洲。”

蚂蚁：“绿洲？我以为那只是个神话……真的有这个地方吗？”

猫头鹰：“绝对有，你要去那里。更好的消息是，它没有那么远，你可以去。从这里出发，绿洲就在正东方。”

蚂蚁："太好了！我怎么去呢？我们现在可以走了吗？"

猫头鹰："嗯……这是你的问题，蚂蚁先生。你不能看到是因为你的蚂蚁视角，但本质问题是你生活在大象的背上。坏消息是，这头大象正在往西走。你可以随心所欲地'走走走'，除非你能让这头大象调头，否则你永远也到不了绿洲。"

* * *

你可能已经明白了，这个寓言以一种非常精准的方式来理解意识大脑（蚂蚁）和潜意识大脑（大象）之间的关系。对于像我们这样的人来说，我们的大脑会被"1 000亿的1 000亿次方"这样的数字搞糊涂，用动物比喻可能更容易理解。

真正的原因是，我们很辛苦却没有取得任何进展，因为我们试图让蚂蚁做一件大象应该做的事！

在开始思考之前，我想我注定要失败了。很明显我的大象走错方向了，所以我永远也到不了绿洲。

不，你完全可以做到，你只需要知道如何和你的大象对话。当你学会和潜意识（大象）进行沟通，让它做出反应时，你就能让它朝着正确的方向行进。当这样做时你知道会发生什么吗?

你几乎不可能失败。如果你让你的大象朝正确的方向行进，即使你的蚂蚁把其他一切都搞砸，你仍然可以到达绿洲。

本节的其余部分是关于如何理解大象的语言，如何与潜意识这头大象进行沟通的。

区别 2：你的大象和你的蚂蚁说着完全不同的语言

你的意识大脑在逻辑、推理、评估和做决定时运作，它能理解时间、结果和假设。而你的潜意识大脑在一个完全不同的前提下运行。实际上大脑的两个部分有着截然不同的对话方式。

理解这些语言的差异很重要。有些语言具有相似性，以至于如果你会其中一种语言，就会非常接近于能说另一种语言。如果你会说法语，实际上你已经有了一个很好的说意大利语或西班牙语的基础。然而，大脑这两部分之间的语言障碍并非如此。这更像法语和德语的区别，法语和德语在各个方面都是完全不同的——词汇、语法规则、句子结构等。如果会法语，你就认为自己也会德语了，这种假设就是错误的。虽然法国和德国两国接壤，但这两种语言就像来自不同星球的语言，如果你认为对一个的理解可以使你深入地了解另一个，那就会出问题。

同样的道理也适用于蚂蚁和大象的不同语言。如果你真的擅长与你的蚂蚁交流，你就会拥有蚂蚁的特性。

- 有智慧
- 博学
- 有逻辑
- 有动力

你还能很好地处理商业上的一些事情。需要明确的是，这些都是非常积极的特性（尤其作为成功的基础），但它们并没有转化为实现量子飞跃或出色的性能（因此是可持续的）所必需的工具。量子飞跃和出色的性能要释放和挖掘的能力有：

- 直觉
- 感觉
- 创造力
- 一种天生的时机感

所有成功的要素都存在于你的潜意识中，它们属于大象的领地。如果你想体验量子飞跃、巨大突破，以及踏上一条更优雅的通往成功的道路，请注意并理解这一点：

潜意识的语言是图像。

心智图像的力量

潜意识大脑——将你向前推进的那头大象——纯以图像方式来思考。当你的意识大脑使用想法、语言和逻辑连贯的“思想”时，潜意识恰恰相反，完全是视觉的和情感的。事实上，这也是你了解潜意识基础的最好方法。

潜意识大象是看到一个目的地，就朝它走去。

潜意识大象非常非常强大，而且非常快，但不能做判断。当潜意识大象锁定一个有清晰画面的目标时，它不会判断那是一个好目标还是一个坏目标，它只是朝着那个目标行进。

另一种理解方式是，当潜意识出现在你的行为中时，它会单纯地看着一个画面，促使你信以为真地参照画面场景来行动……即使这个画面不是真实的，你也会相信。

你可能听说过大脑无法分辨现实和幻想——这是真的，尤其对潜意识来说，如果你能把某件事描绘得足够生动，潜意识大象就会把它当成事实，然后让你表现得就像这幅画面真实存在一样。

在过去几十年里，有相当多的这种例子出自很多优秀教练之手。你可以一边阅读一边尝试……

假想柠檬的真实场景

请想象一个柠檬出现在你的脑海里，你能看见它吗？明亮的黄色、有光泽、椭圆形……在你大脑里，将柠檬切成两半，现在看一下内部，看到小馅饼形状和种子了吗?

现在把柠檬贴近鼻子，闻一下，闻到那种清新、干净的柠檬味了吗? 张开嘴，把柠檬塞进嘴里，咬一口……

稍等片刻，观察你的身体发生了什么。就在你读书的时候，我们敢打赌你的嘴里一定聚满了唾液，下颚可能有点刺痛，脸和肩膀有些紧张，你甚至可能“满脸堆起了褶皱”。是这样吗?

其实，这个看起来不怎么高明的小练习是意识和潜意识大脑互动的完美例子。你有意识地想象出那个柠檬的画面——用你的“蚂蚁”来做事情。一旦这幅画面在你脑海中变得清晰，你的潜意识大象（它控制你身体的所有自动化过程，你却没有注意到）就会接管一切，让你的身体做出生理反应，好像你真的吃了柠檬一样。就算这有点儿奇怪，但它的应用意义非常深远。

花点时间想象一下具象的结果

在第7章中，你会看到更多具象的神奇力量，让我们从这里开始，理解为什么清晰地看到你的目标如此重要。只要给潜意识大象一幅你想要的画面，它就会让你将这个画面变成现实。

你可能意识到许多优秀的运动员一直在使用这个原则。如果观察一位职业高尔夫球球手、篮球运动员、奥林匹克体操运动员、跑步运动员或花样滑冰运动员，你会发现他们在实现目标之前总是先想象结果。这是“欲速则慢”观点的最佳应用之一。在表演之前，一位出色的运动员会放慢速度，甚至他们会完全停下来，什么也不做，只是把他们的注意力集中在一个非常具体的心智画面上，即他们正在寻找的确切结果。他们脑中绘制了这幅画面，潜意识就能领会这幅画面，使之变为现实。

所以，优秀的领导者、销售专家和商人使用相同的意念过程，并非巧合。在开启表演之前，他们就想象出了成功的结果。在开始一周、一天、一次会议、一场演讲或他们的任何表现将决定重大结果的场合之前，他们会先停下来，在脑海中清楚地看到他们想要实现的结果，然后让他们的潜意识找到最优的路径。

具象是王道

这个原则最重要的应用：提高你的具象能力。

更清晰地了解：

第一，你想要什么。

第二，你为什么想要。

如果你为自己做一件事——提高你想要什么以及为什么想要的具象度，这把巨大的钥匙可以打开潜意识的巨大潜力。我最杰出的导师之一珍妮特·阿特伍德（Janet Attwood）总是喜欢说："当你思路清晰时，你想要的东西就会出现……所以焦点是你的清晰程度。"事实上，这个清晰的问题对大脑来说非常重要，这是一个好的教练真正值得耗费精力的地方之一。

同样，在第7章中，更多的内容是关于如何特定世界中"提升你的具象能力的"。现在，让我们来学习一些潜意识大象不能理解的东西吧。

区别3：潜意识里没有"不"这个字

潜意识大象的字典里没有"不"这个字，并不是说它不懂"不"这个字，而是"不"（或任何与"不"意思有关的词语）根本就没有出现在潜意识里。再说一遍，潜意识能做的是看到一幅画面并向它移动……它无法捕捉到"不"的画面。

大脑就像一个学龄前儿童

下面是一个关于潜意识如何处理负面指令的例子，其中包括"不"等表达。

想象一下过去或现在出现在你生命中的一个蹒跚学步的

孩子，一个3~6岁的孩子。也许你有这个年龄段的孩子或孙子，如果有的话，你可能经常有这种经历。

如果你曾告诉这个年龄段的孩子不要做某件事，他们马上就会做什么呢？他们做的恰恰是你刚刚告诉他们不要做的事，对吧？

- 你说：“嘿，小家伙，不要在街上乱跑。”然后马上发生了什么呢？那孩子跑到街上去了！
- 你说：“别把牛奶洒了。”过一会儿你看到牛奶撒得到处都是。
- 这种例子不胜枚举……

作为父母，如果你不明白为什么这种情况会频繁发生，你会非常沮丧。

罗杰：“我可以告诉你，这曾让我非常沮丧，我总是觉得我的孩子在故意挑衅我，故意惹我生气。”但事实并非如此。理解这种现象背后的原因可以消除几乎所有的愤怒和压力，尤其当你明白它也适用于你的时候。

6岁及以下的孩子经常做你刚刚告诉他们不要做的事情的原因是，他们此时只有潜意识大脑。大脑中控制意识思维的部分到7岁左右才真正开始发育。因此，6岁及以下的孩子大脑中没有“蚂蚁”，完全按照大象的方式行事。这意味着逻辑、常识、假设思维和推理还不是他们大脑的组成部分。这不是一件坏事……这也是为什么那个年龄段的孩子如此可爱的一个重要原因！他们无拘无束、迷恋视觉、喜欢画画、有创造力、拥有不可思议的想象力。另外，这也是他们为什么经常无缘无故地情绪波动、发脾气、看不到30秒钟后的未来的原因。我们随后来讨论如何利用一定强度的正负激励来帮助他们养成习惯……现在你只要明白那个年龄段的孩子只有潜意识，而潜意识根本就听不到任何形式的“不”就可以了。

所以当你告诉一个孩子“不要在街上乱跑”时，他大脑中的小象听到了什么？对……它听到的是“跑到街上去!”小象看到了这幅画面，门“砰”的一声后，它就走到了街上。重要的是，我们应该知道，当这种情况发生时，并不是孩子本人的问题：就如他的小脑袋所知道的，他只是在遵循指令而已。

如何与学龄前儿童相处

你可能在最后几分钟才意识到：这种情况下，关键不是告诉孩子不要做什么，而是告诉他要做什么。与其说“不要在街上乱跑”，不如说“嘿，待在院子里”。由于潜意识与“不”这个字没有关系，所以积极的指令会比消极的指令更有效。

为什么我们要花这么多时间谈论小孩子？因为从根本上说，我们都像孩子一样。

你让大象日夜不停地行动，而大象仍然没有“不”这个概念。我们和学龄前儿童之间唯一真正的区别是，我们现在长大了，有了意识“蚂蚁”，可以用它来做决定、进行逻辑判断，看到各种潜在后果。但蚂蚁仍然骑在没有“不”这个概念的大象背上，大象只接收输入信息，看见画面，朝着画面行进。

如何与自己相处

请停止关注你不想要的东西。停止沉湎、担忧、纠结于不想要的结果，因为你的担忧、沉湎和纠结实际会让你更可能逼近你不想要的那些结果。

想想看——你的潜意识：

- 有足够的马力
- 能看到画面（不加判断），让你表现得好像它们是真实的
- 没有“不”这个概念

如果你曾有这样的对话场景（就像我们常常与客户进行的那种对话），你会说，“是的，我知道我在追求什么……我不想破产（或生病、或压力过大、或生气、或失败或其

他）”……想一想，你的潜意识接收到了什么信息？如何做出反应？

你说：“我不想破产。”

你潜意识大象听到的是：“我想破产。”

然后，它就会创造一个画面——你猜对了——你破产了。它开始让这个画面变得真实，即使这不是你想要的。

这就是为什么你不想要的那些纠结的、担忧的东西实际上会进入你的生活的原因。当你要实现目标时，要让你的潜意识大象朝着正确的方向前进并聚焦于想要的东西。就像当你明确告诉了孩子他该做什么的时候，他做得更好一样。当我们把注意力集中在想做的事情上时，大脑会做得更好。

看不见不是一个选择

提醒一下：一旦你的潜意识大象看到一幅画面，就不能取消或不看它了……但这个画面可以被另一幅画面很快取代。请试着按照我们的建议去做以下这个小练习。

现在，不要想一头粉红象了。当然，什么东西出现在你大脑中了？粉红象。

好吧，现在，别想蓝猴子了。

那么让我们来看看吧！现在“看看”你的大脑，那里有什么？ 一只蓝猴子，对吗？就这么快，你就把粉红象换成了蓝猴子。

刚开始，你无法做到不看见那头粉红象……就算你坐在那里拍着头大喊："停止，停止，停止！"你还是会看见那头粉红象。

但是你可以很轻易地替换成另一幅画面，只要听到我们说蓝猴子的事，你的大脑就会明白。

同样的道理也适用于生活中的其他事情，如你的目标。当你的大脑为问题、失败、担忧和你不想要的东西所困住时，你就会把更多的问题拖进你的生活，这感觉很不好。但只需要暂停一下，喘口气，温柔地提醒自己，意欲回到正轨，思考想要什么，然后迅速地开始一个有效的、感觉更好的、相反的过程。如果你能把注意力集中在"绿洲"上，你就能改变大象行进的方向，马上开始吧。当你很清楚地知道自己想要什么时，你想要的就会出现——重点是你具象化的程度。

区别 4：潜意识已经知道怎么做了

潜意识大象的最后一个特点是它已经知道怎么做了。当你决定想要什么时，你的潜意识会出现一种奇怪的动态，本能地把你带到去那里的最佳途径。它还本能地知道如何克服沿途出现的障碍，就像一头活生生的大象一样。

想象一下，你骑在一头活生生的大象上。你们正在穿越丛林的小路前往绿洲。就在小路转弯之处，你被一棵倒在路上的大树挡住了去路。你“看”到了吗?

你无须知道该如何应对这个状况，不需要发出任何指令，你的大象本能地就知道该如何处理。一眨眼的工夫，它就做出了以下选择:

- 绕着这棵树走?
- 要跨过这棵树吗?
- 要用我的超级有力的象鼻把这棵树移开吗?
- 要不要停下来吃掉这棵树?

随后，最佳应对方式就有了。这就是大象的本能。同样，也是潜意识的所作所为。为了更好地运用它，你的主要工作之一就是为大家让路。原因如下:

如果你曾经体验过机缘巧合的美妙感受——就像魔法般的巧合——那就是潜意识在引导你。

如果在展示或演讲时，你的表述和行为非常得体与应景，你完美地促成交易，有如神助，当你想知道“这一切是怎么回事时”，就是潜意识在引导你。

如果你曾经有过这样的经历，金钱和预想结果似乎毫不费力地聚集到你这儿——好像你根本就不会出错，一切都那么顺利——那就是潜意识一直为你助力。

其实还有很多例子可以讲，就像你处于一种能体验到的心流状态，或者说“进入状态”的感受。这种感觉蕴含着巨大的能量，同时使你能够平静放松。意识状态的大脑无法具有这种魔力——这不是蚂蚁的工作，这种魔力就来自潜意识大象……

阻碍这种魔力状态出现的一个主要原因是人总是过于专注在“怎么做”上。就像迈克尔·杜利老师（Michael Dooley）说的“被诅咒的各种作为”，人们在“怎么做”上面投入了过多思考，损耗了创造力，给自己带来很大压力。

你能对“怎么做”放手吗

你和大象，穿越丛林，在那棵倒下的树旁，面临的问题是：如果大象本能地知道此时该怎么做，并且完全有能力做好，这时的你，能提供的最有效的帮助是什么？

A．困扰于这棵树的尺寸大小，为永远无法绕过它而伤心。

B．给大象详细的指示，告诉它如何绕过这棵树。

C．给大象说一些鼓舞的话语，让它感觉更有力量，更强大。

D．在社交网络上发布树的照片，听听朋友们对如何绕过这棵树有哪些“建议”，实际上你的帖子只是展示了你的窘迫。

E. 只要放松，欣赏大自然的壮观，让大象毫不费力地带你跨过那棵树。

好吧，结果似乎显而易见，但认真想想，对于我们来说，A显然是不可取的，D也是，但这两种方法是人们经常使用的。A和D对于解决问题没有任何帮助。

B听起来可行（尤其对经理或工程师），但请记住，大象知道该怎么做，这意味着你提供的任何指令是：

- 完全浪费精力。
- 可能真惹烦了大象。

C和B相似，可能让大象“一笑而过”。

选E就对了！这个例子中，你唯一要做的就是相信大象会做正确的事情。再强调一遍：你必须相信你的大象。

同样，你要相信你的潜意识，它非常强大，像激光制导导弹一样能瞄准目标，与达成目标的每一种资源都有最深层次的联系。将问题“我怎么能做到”直接转换为“我要去哪里”和“为什么这里是到达那里的出发点”。

关于做什么、为什么做和怎么做

如果读过西蒙·斯涅克（Simon Sinek）的大作《为什么》（*Start with Why*），你就会知道图2.1所示的模型。

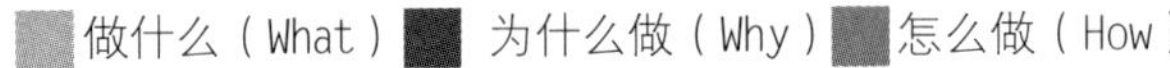

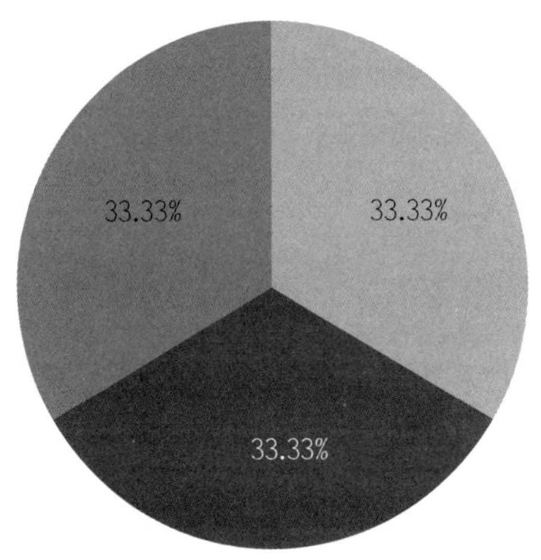

图 2.1 “做什么，为什么做，怎么做”模型

斯涅克的非凡之处在于他说明了杰出的领导者是怎样“从为什么开始”的，如组织为什么要做这些，然后便聚焦于如何执行，最后关注想要实现的结果。这个模型对领导者和组织来说非常有价值，如果你对领导力感兴趣，请不要错过这本书。

如果论及我们的个人表现，尤其关于运用好潜意识以帮助我们尽快达成我们想要的结果时，这个模型也给了我们不同的视角。

每当我们的大脑中有一个想要达成的确定结果时，大脑思维模式基本上关注以下三个方面：

1．我想要完成什么？

2．我为什么想要完成？

3．我如何完成？

从图2.1来看，似乎以上三个问题在大脑中同等重要，但事实不是这样的。没有人会以各三分之一均分的方式来对待这三个问题，我们确实也不应该这样做。现实的状况是，每个人会针对这三个问题分配不同程度的精力，这恰恰是表现最好的人和“大多数人”之间的关键区别。

（之前我们说过，“大多数人”几乎总是反着来的，这也是人们在金钱、健康、人际关系等事情上如此纠结的主要原因。）

大多数人会将80%~90%的精力用于思考或担心怎么做的问题，而只将10%~20%的精力用于搞清楚做什么和为什么做的问题，如图2.2所示。

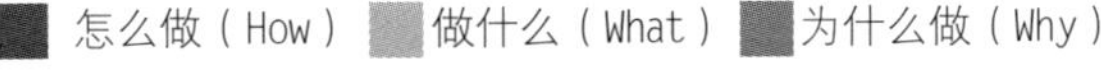

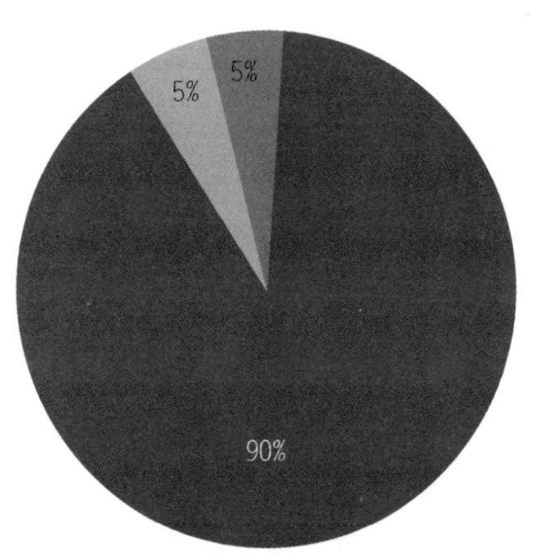

图 2.2　大多数人关注的是怎么做，而没有给做什么和为什么做留下足够的空间

试想一下，如果90%的精力都集中在怎么做上，当我们的客户看到这样的投入比例，理解到提供服务的人花了大量时间和精力在怎么做上，而投入很少的时间和精力去关注“我们到底想要什么样的结果”及“我们这样做是为什么”时，则会有一种本末倒置的感觉，使我们意图达成的目的和意义严重脱节，耗费了大量的时间和精力而不得要领，这种状况确实令人精疲力竭，产生想放弃的念头。

各个领域的顶尖人物的共性是对这三部分的投入比例表现出强烈的差异性。佼佼者们的做法恰恰与大多数人相反。如果他们想做某件事（他们经常这样做），往往首先关注做什么及为什么做的问题……经常让怎么做这个问题自行解决，这看起来更像图2.3。

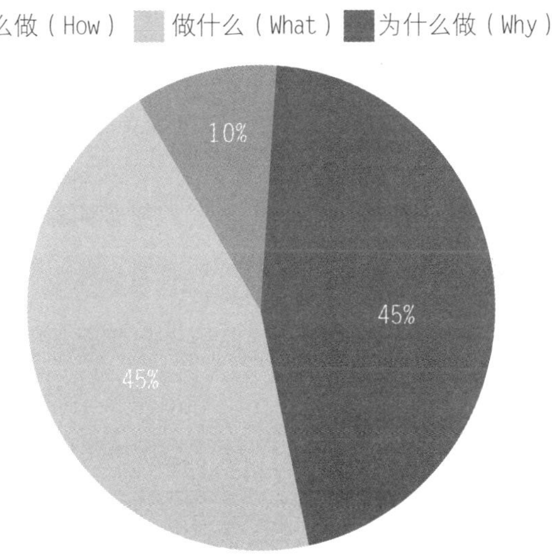

图 2.3　顶尖人物的是做什么和为什么做

请注意：顶尖人物确实会关注“怎么做”——它在图2.3中的比例并非为零。相关计划、策略和实施战术实际上是不可或缺的一部分。顶尖人物的重要特点是对战术有很高的掌控度。他们知道该“怎么做”，只是不会痴迷其中。与大多数人相比，顶尖人物更愿意让“怎么做”自行处理，这是他们之所以成为顶尖人物的重要原因。

这违反直觉吧，但如果从潜意识角度来认识这个问题，完全说得通。与想要“做什么”（你要去哪里？）联系起来，就明晰了目标和方向，与“为什么做”联系起来，达成目标所需要的能量、毅力、勇气及坚韧就都有了。

再来说说“怎么做”这个问题，一旦你接受训练，理解了这个理念，掌握了一些模式（这并不需要很长时间），“怎么做”的问题就自然而然地解决了。

你可以称其为直觉，或者勇气，怎么叫都行，但潜意识从过去到现在都知道它。它不需要很多帮助就能找出最佳行事方式，知道如何安排会议，如何接打电话，如何写提案，如何植入元素及如何展示。大脑真正要搞清楚的是为什么你首先要做的事情是很重要的。

让我们再回到树林里，看看遇到那棵树的大象。在穿越障碍的过程中，大象甚至不需要停下来思考该做什么。它不会就如何缓解局面征求意见，也不会因优柔寡断而瘫痪，它会简单地跨过障碍，或者用鼻子移动它，或者绕着它走，没有任何问题。因为大象知道重要的事情是去往绿洲，在那里会受到款待。

多年以来，我们一直告诉我们持久合作的伙伴们，采取行动和“做好”自己的工作是获得成果的最重要的事情。他们会因为心智模式问题找到我们，他们固有的模式没能帮助他们达成预期目标。真正对人们有益、有效的方法之一是重新分配心智带宽，从怎么做，转向做什么和为什么做。

这种“为什么做”的说法并不新奇。我们百分之百地赞同并坚信这个信念。西蒙·斯涅克一再地强调：

最成功的人和组织关注的是他们为什么做他们所做的事情，而不是他们怎么做或他们做什么的问题。

但是，从“怎么做”“做什么”的思维切换到“为什么做”并不是简单地想想就能做到的，它不会自然发生。好消息是，一旦你尝试了重新分配心智带宽的方法，达成预期目标、成功和胜利就会找上你。下面这个例子，说明了当你从“怎么做”“做什么”的思维切换到“为什么做”时会发生什么。

一个关于怎么做、为什么做的个案研究：戴恩·约翰斯顿（Dane Johnston）

戴恩是一位成功的理财规划师，也是在户外活动中很具潜力的一位企业家。他一手创办的财务规划公司，可观的利润收益使他得以建造一座梦想中的家园，又因为自己喜欢钓鱼而创办了一家相关企业。在他感兴趣的垂钓事业里，戴恩把一些非常棒的、与现有产品有差异化的产品引入市场，做得非常成功。他还有一些关于产品生产制造和产品专利的很多想法。他卖出了很多产品，收入也不错。因此，他为这项业务设定了一个雄心勃勃的、认为可控的五年营收目标。但后来由于经营问题，他的生意渐渐停滞，戴恩陷入了困境。

戴恩第一次给我打电话时说道，他不认为自己在计划和时间管理方面有短板。他非常清楚自己想做什么，知道要为每项任务投入多少时间。戴恩把他的计划流程发给了我，是六张相互连接、非常详细的电子表格。我看到了一排排的数据。他列出了五年目标、一年目标、需要完成的任务、主导行动、滞后行动，以及执行这些行动上的每月、每周甚至每天的时间安排。唯一没有计算在内的是吃饭、睡觉和上厕所的时间。当他问我对他的周密计划有何看法时，我这样回应他："嗯，戴恩，我想你已经成功地让上帝从你的生活中消失了！"我们笑得很开心，然后他的回答让我又惊又喜：

"我一直都是这么做的。它似乎有一定作用，但你会不会觉得我想得太多了？有时候我觉得自己太有条理了，即使我已经把需要完成的所有事情都列出来了，我还是不知道从哪里开始。"

"嗯，是的。我认为你想得太多了。过度计划，过度考虑'做什么'，过度考虑'怎么做'，最重要的是，过犹不及。"

这是那次谈话的笔记，最终作为一个"怎么做 / 做什么 / 为什么"的绝佳对话案例为我所用。

* * *

戴恩必须忽略他的行事脚本（指南）。他非常专注于做什么及怎么做，但对于为什么要做，以及一开始就做什么缺乏真正清晰的认识。

对他来说这是个很大的挑战。毕竟，他曾为众多金融领域的客户们成功地制订过“发展计划”，没有任何理由不把这些方法应用到他自己的生活中。但这就是开始脱节的地方。他过于专注于每天的小任务。这些任务的数量不断增加，他最终不得不为了做出更大的决策而先做出一堆琐碎的决定。结果是，他从来没有做过重大决策，任务也常常完成不了。可以推断，在没有完成任何任务的情况下，实现一年目标的进展受到了影响，那五年目标更无从谈起了！

随后，戴恩和我做的最重要的事情就是明确他的愿景宣言。我们花了很多时间（几乎是我和同事做其他大部分项目的三倍还多的时间）来构建一幅生动的画面，展示出戴恩真正想从生活中得到什么，以及为什么那些东西对他如此重要。简而言之，我们需要一大桶大象的食物。我们重新开始理解为什么他如此努力地建造房子、池塘和改善他的资产状况。原来，他只是想要一个超级棒的池塘来钓鱼，有机会和他的孩子做他喜欢的事情。

回顾过去，我们勾勒出了他理想生活的场景。工作时能赚多少钱？怎么赚的？如何度假的？要去哪里？他的业余爱好对他的整体生活质量有什么意义和价值？和他“真正”的工作相比，他在业余爱好上花了多少时间？

确定了目标后，戴恩有了一项家庭作业：每天两次宣读他的愿景宣言，练习想象那种生活就像现在正在发生一样。他被引导要“表现得像你以前做过这样的事”，当做出决定时要像自己已经拥有了想要的一切。

这种情况持续了几个月。半年后的一天，当我们正在做其他项目时，接到了戴恩的电话，我永远不会忘记他说的第一句话。

“这真的很奇怪……一切都变得简单了。对于我需要做的每一件事，我都能很容易地做出正确的决定，让我赚了很多钱。为了达到目标，我需要做的所有事情都很容易完成，就像我不需要付出任何努力一样。主要是因为我总是处在这样的情况下，唯一正确的行动方式对我非常有利，让我得到我想要的。我想我的大象只是把事情搞清楚了……我喜欢这样!”

感觉中了头彩！

其实他的大象不只是“把事情搞清楚了”，他的大象自始至终都知道该做什么。他所做的是把所有关于“怎么做”和“做什么”的那些小计划都去掉，给大象让出路来，这样大象就能更快地到达想去的地方了。电子表格、行、列、日期和数字虽然很重要，但实际上是阻碍。一旦他不再专注于这类信息，而是专注于更清晰地了解全局，那对他而言一切都进展得更快了。

我们再来看看“在雪地驾驶”的感受，记住，跟着前方开路的车是最合适的选择。当你的大象开路的时候，尽量减少“怎么做”和“做什么”，为它让路，你会惊奇地发现，你的预想结果出现得如此之快。有时它们出现在最不可能的地方！

本章回顾

- 潜意识大脑和意识大脑有四个不同之处：

  1. 参与潜意识处理的神经回路比参与意识处理的大几个数量级。

  2. 潜意识大脑用图像思考。

  3. 潜意识大脑没有“不”这个概念。

  4. 潜意识大脑知道该怎么做。

- 花更少的时间关注怎么做和做什么，重新分配你的精力来明确为什么做对你很重要。
- “为什么做”的信念能让你的大象（潜意识大脑）朝着正确的方向行进。

第3章

了解和运用脑电波

我们的大脑会周期性地振动。这么说不是为了让我们避免尴尬，就像有人说“嘿，你的牙齿上沾有西兰花”，或者“哟，你的拉链开了”。我只是告诉你，不管你知不知道，就像宇宙中的其他东西一样，我们的大脑一直在振动，它的振动方式对你的人生有巨大的影响。了解大脑如何振动，也是厘清如何通过欲速则慢的原则来提升效能的关键。学习在什么时间，以及怎么放慢速度来加深对大脑振动频率的了解，是使我们的客户变得更加充盈，更富有生产力的最有效方法。让我们来学习一些科学知识，先看看这个……

20世纪一个非常有价值的发现是，大脑的运作原理和无线电类似，既是电磁振动的发射器，也是接收器。它可以通过“调频”来接收不同的频率并进行广播。就像收音机一样，不同的频率会收听到不同的内容。当你在威斯康星州的麦迪逊市，把收音机调到FM100.3兆赫时，就会听到体育访谈节目；调到FM101.5兆赫，会听到古典摇滚乐。不同频道会给你带来不同的收听体验——收音机接收到相应频率播放的内容，并将其逐字逐句地播放给你。它不会判断正在播放什么，只是把内容传递给你。

大脑也是如此，不管它的“调频”是什么，它都会传递给你。第2部分学习战术和策略，本质上是保证运用各种方法将你的大脑调整到对你更有帮助的“频率”，让你体验更好的结果。因此，我们建议你阅读本章以获得一些基本知识，但如果你迫切需要直接跳过这一部分而直接跳到实操战术，也未尝不可。

运用嬉皮士式的吸引力法则

如果你还在看这一章……我们为你鼓掌……现在我们需要给不同的读者一些不同的建议。如果你是一个保守型/分析型/商务型的人，接下来的几页可能看起来有点感性，一开始是嬉皮士式的随口说说，但请跟上我们的节奏。我们都是注重结果的生意人，我们的承诺最后都会兑现。这种方法的实用性是我们的客户坚持多年信任我们的一个重要原因。

如果你是一个感性的、嬉皮士风格的人，你会喜欢接下来的内容。

无论你来自哪里，只要你关注到我们在科学、精神和直接利益融合在一起的状况，你就会发现它的价值……

在形而上学的层面上，你在这里将学到的东西肯定与谐波共振的原理有关，而许多人又称其为吸引力法则。下面简要介绍。

谐波共振：当一个物体在某一频率上振动得足够强烈时，就会引起其他物体在同一频率上振动或共振。这个原理很容易用声音振动来说明：如果你敲击钢琴上的一个C调，这个声音就会在房间里传播开，而房间另一头一个调到C调的音叉就会开始振动，演奏同样的音符，尽管它们看起来是独立的。好像挺神奇的，事实上这就是谐波共振。

吸引力法则可以被理解为这个声学原理的人类版本。在亚原子层面上，我们每个人都以特定的频率振动，这个频率可以理解为“广播”。它必定会传播，但我们没必要特别关注这一点。本书让我们只需理解任何与你的振动联系并被“调谐”到相同频率的东西……将以相同的频率共振就可以了。这在人类的体验中也是独一无二的，当某些东西与你的频率共振时，它就向你移动，如金钱、环境、人，以及那些开始出现在你的世界、与你保持一致的机缘巧合。简而言之，这就是吸引力法则。

我们要说的是，如果改变振动频率，结果就将改变，这是必然的结果。有没有想过，为什么喜欢抱怨的人似乎总有恰如其分的理由抱怨呢？或者，为什么其他人似乎总是“很幸运”？这些与交感共振有很大关系。

世间万物，都有振动频率。钱有频率，人有频率。所有的情绪，无论是积极的还是消极的，都有特定频率。组织文化也有频率。当事物以一定的频率振动时，就会与以相同频率振动的事物产生关联。这不是我们的观点，这是物理学。

所以如果你是“消极地振动”，你将不可避免地把更多的消极情绪带入你的生活。如果你开始更频繁地“积极地振动”，你的生活就会变得更积极。

即使你是地球上最坚定的保守型/分析型/商务型人士，你也会在很多地方看到这一现象。

“物以类聚，人以群分”的说法就印证了这一点。当你回顾自己的生活，尤其当你在正确的时机遇到正确的人，发生了某些不可思议的事情时，很可能你会再次体验到自己当时处于精力充沛和清醒的那种状态。如果你曾经遇到过这种情况，就是交感共振原理和吸引力法则在起作用。如果我们想有意识地运用这些，那么理解脑电波模式和频率就是最好的出发点。

如果你想了解更多关于交感共振的科学原理，实际应用及吸引力法则，还有很多阅读材料。我们推荐拿破仑·希尔（Napoleon Hill）的《思考致富》（*Think and Grow Rich*）、约翰·阿萨拉夫（John Assaraf）的《答案》（*The Answer*）和大卫·霍金斯（David Hawkins）的《权力与武力》（*Power vs. Force*）。如果你想感受一下被科学震撼的感觉，请关注马萨鲁·莫托（Masaru Emoto）博士的著作，以及在电影《我们知道什么是响尾蛇》（*What the Bleep Do we Know*）中展现的有关他的“水中隐藏的秘密”的相应内容。

β、α、θ、δ 脑电波的“兄弟情谊”

内德·赫尔曼（Ned Herrmann）是最早传播脑电波模式信息的人，他是一位教育家，提出了大脑活动的模型，并将其整合到教学和管理训练中。在1980年成立内德·赫尔曼集团（Ned Herrmann Group）之前，他曾在通用电气（General Electric）担任管理教育主管，并在那里萌生了很多想法。以下是他对脑电波的解释，节选自赫尔曼的著作《创造性的大脑》（*The Creative Brain*）。

大脑活动以脑电波的形式表现出来，脑电波从最活跃状态到最不活跃的状态可以分为四类。当大脑被唤醒并积极参与精神活动时，它会产生β脑电波。β脑电波的频率为15~30Hz。β脑电波具有强烈参与大脑思考的特征。一个正在积极对话的人是β脑电波为主的，如正在演讲的人和正在讲课的老师或者正在主持的脱口秀主持人都处于β脑电波状态。

下个脑电波类别是α脑电波。其中，β脑电波代表唤醒，α脑电波代表非唤醒。它的频率为9~13Hz。一个花时间反省或正在冥想的人通常处于α脑电波状态。

下个是振幅更大、频率更低的θ脑电波。频率通常为5~8Hz。一个在工作中走神或做白日梦的人就处于θ脑电波状态。

在户外跑步的人通常也处于θ脑电波状态，当他们在θ脑电波时，很容易产生一连串的想法。处于θ脑电波状态的意识通常是自由流动的，没有潜意识压抑力或内疚感，是一种非常积极的精神状态。

最后一个脑电波是δ脑电波。这种脑电波的振幅最大、频率最低。它们永远不会降到零……但是，深度无梦睡眠会把你带到最低的频率。

当一个人从深度睡眠中醒来准备起床时，脑电波频率会随着脑电波活动的不同阶段而增加。也就是说，它们会从δ到θ然后到α，最后，当闹钟响起时，进入β。在这个觉醒周期中，个体有可能长时间停留在θ状态，如5~15分钟——这将使他们对昨天发生的事情有一个自由的想象空间，或者思考新一天的活动。这段时间非常有效率。

以下是对上述观点的最新看法（自1989年以来，人们做了更多研究），以及采取的一些行动。

大脑主要有四种脑电波状态：β、α、θ和δ（见图3.1）。这些脑电波是按照从最快到最慢的顺序排列的，在较慢的脑电波状态下，人们的意识行为和编程这些最大体量的活动就出现了。

β：“清醒”状态

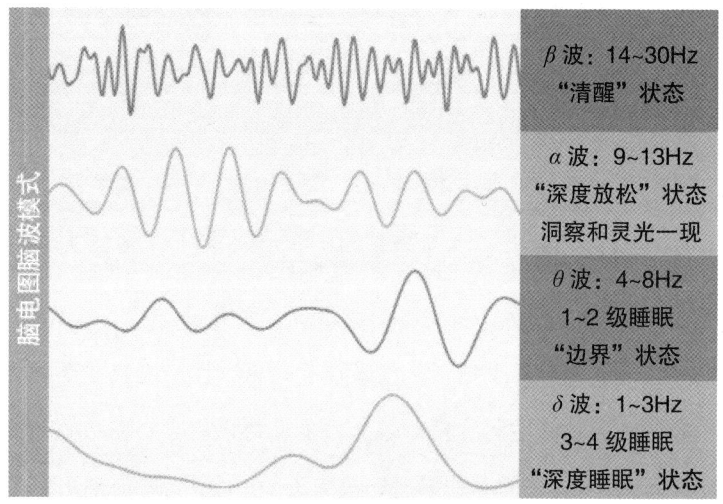

图 3.1　人类脑电波的四种状态

β脑电波频率最高（最快），振幅最低（力量最小）。由于我们谈论的是脑电波，如果把它想象为波浪会很有帮助。想象一下站在池塘边，微风吹过，你会看到水面上的小小涟漪，这些涟漪在岸边迅速地交替出现（频率很高），但没有一个单独的波浪会携带很大的力量（振幅较低）。

β脑电波与许多好事情相关，如警觉性、解决问题的能力、逻辑性，以及赫尔曼所说的“高觉醒状态”。β脑电波是你进行大部分有意识思考的状态。举例来说，你的蚂蚁做的事情都与β脑电波有关。

说实话，关于如何最大化保持β脑电波状态，不需要教太多，因为你已经在做了。实际上，β脑电波在你醒着的大部分时间里都占据主导地位……这就是你度过一天的方式。

α：“放松”状态

α脑电波状态的频率较低（也就是更慢），但有更高的振幅（更有力量）。回到我们关于波浪的类比，这就像一阵强风吹过一个很大的湖面，激起两到三英尺（1英尺≈0.3米）高的白浪。

α脑电波是非常重要的，与记忆、回忆和学习密切相关。大脑在α脑电波状态会记得更快、回忆得更清晰、学得更好。

α脑电波何时出现呢？它出现在你最放松的时候——α脑电波状态的主要标志是你的精神和身体都非常放松。你可以在短时间内诱发α脑电波状态（有很多关于如何做到这一点的方法和建议）。自然状态下，你的大脑会一天两次处于α脑电波状态：早上醒来后不久和晚上睡觉前不久。

α脑电波状态持续时间的长短因人而异，每天也会不同，总的规律是在早上醒来后的15~20分钟会有很多α脑电波。严格意义上来说，那个时间段你是醒着的，但在翻来覆去，并不是完全清醒。身体有点僵硬，还有点昏昏沉沉的……无论在精神上还是身体上，你都处于“热身”状态，这就是α脑电波状态。

这段热身时间对随后的一天非常重要，因为在这种状态下，进入大脑的所有事情你都能判断自己是否真的想处理。它会伴随你一整天。所以，在α脑电波状态的信息输入会影响你的效率。

一天中另一个关键的α脑电波时间是晚上睡前的最后10~20分钟。虽然有时候人们是从快节奏的工作中直接进入昏睡状态的，但仍有一个过渡期，即从高觉醒状态进入睡眠的过程，它被称为大脑的“冷却”时期。

“冷却”时期也非常重要，在这种状态下，进入你大脑的所有你想处理或者不想处理的事情——往往伴随你一整夜，所以，在α脑电波状态的信息输入会影响你的休息，进而影响你的效率。

如果你曾经在睡前看恐怖片或感到很有压力（是的，我们都有过这种经历），它就会让你做噩梦，干扰你的睡眠。这是因为α脑电波出现了，即使在你睡觉的时候，你的大脑也在记忆和处理信息。在本章的最后，我们会讲一些具体的策略来让α脑电波为你工作，现在只要弄明白，在α脑电波状态，不管你想与不想，该发生的自然会发生。

θ:“边界”状态

θ脑电波需要投入的精力和时间都较少，但可对成果产生重大影响。θ脑电波状态的频率甚至比α脑电波更低（更慢），但振幅更高（更有力量）。回到波浪的类比，θ脑电波就像适合冲浪的海浪状态。

关键是，当处于θ脑电波状态时，人们可以直接进入潜意识。这是潜意识大象仔细聆听指令的地方，而意识蚂蚁几乎不能触达。就是在这里，潜意识将创造性的洞察力和解决问题的方案指引给你，引领你与合适的人构建实现目标的氛围。这是潜意识最容易被引导的地方，也引导你达成结果。

θ脑电波的影响力和实际应用性都非常强大。许多杰出的领导人和思想家——托马斯·爱迪生（Thomas Edison）、阿尔伯特·爱因斯坦（Albert Einstein）、巴勃罗·毕加索（Pablo Picasso）、温斯顿·丘吉尔（Winston Churchill）——他们都有一些很具体的、刻意练习的日常行为，使他们能够更好地运用θ脑电波（尽管他们可能并不知道这些行为与θ脑电波之间的关系）。他们之所以能做到，是因为他们具有源于潜意识的出色洞察力和最佳的创造性思维，而我们在一定程度上运用自我催眠的方式引起θ脑电波状态是直接进入潜意识的最佳途径。

在下一章，我们会介绍一些练习方法，现在我们就学习到这里。就像α脑电波一样，你的大脑每天有两次自然地处于θ脑电波为主的状态——进入半睡半醒的状态时——早上醒来时和晚上入睡时。具体时间和范围因人而异，每天都有所不同，但根据我们的经验，早上起床的前2~5分钟会出现大量θ脑电波，晚上进入睡眠时的最后2~5分钟也会出现大量的θ脑电波，也就是当你的眼睛还睁着，随后就进入睡眠的那个时候。

在短暂的θ脑电波期间，你试着精确地调整一下进入大脑的信息。不管你喜欢与否，它奠定了你一整天或整晚的基调。

之前我们讲过，潜意识不会判断它看到了什么，它只是看着画面、然后靠近。这种状况在你醒来和即将入睡期间的大脑中表现得最为明显。如果你醒来时看到的是快乐的、结果导向的和积极的画面，那么你就为自己设定了一个快乐的、结果导向的和积极的一天。睡觉时的想法和输入的信息会影响你整个晚上。

因此，“赢得”这些过渡时间不仅是个好主意——我们相信这是你在个人发展中所能做的最佳投资。所谓最佳投资，就是投入最少的时间和精力，获得最大回报。我们在第6章中提供的策略将帮助你赢得一天中这关键的几分钟。

δ："深度睡眠"状态

δ脑电波状态是频率最低（最慢）但振幅最高（最有力量）的状态。我们可以想象一下巨浪冲击的场景。

这时你最想了解的是δ脑电波对我们的作用和意义吧。当大脑进入δ脑电波状态时，会减慢加工速度，这种减速对我们的健康至关重要，可以让大脑（和身体）启动恢复和治疗机制，产生生长激素、垂体激素和其他关键的对身体有益的"良药"。在一天中，大脑大部分的学习和事件处理都发生在δ脑电波状态，是从短时记忆转移到长时记忆的时候，对巩固学习成果有很大的作用。在很多方面，优质的δ脑电波是你保持身心健康的基础……是效能可持续的基础。

你知道吗？δ脑电波产生在人们熟睡的时候。所以我们无法就此教你太多，根据定义，在δ脑电波状态，人是完全无意识的。但我们可以肯定的是……

你，需要δ脑电波！

具体来讲，好的睡眠对人很重要，包括睡眠时长和睡眠质量。睡眠质量的好坏因人而异，也会因季节而异（婴儿和青少年需要大量的睡眠，中年人则不那么需要），所以没有一个具体数字指标作为参考。但我们都应该尝试了解真正适合自己的睡眠状态，并且努力践行。大量的睡眠研究都表明：

- 适度休息是对情绪、效率和长寿所能做的最好的事情之一。
- 休息不好是影响情绪、效率和长寿的最具破坏性的因素之一。
- 多数人——尤其那些比较激进的、成功的、强内驱型的人——都没有适当的休息。

第6章提供了一些进行适当休息的好方法。人们需要一些δ脑电波，安静地睡一会儿吧！

本章回顾

- 我们的大脑一直处于周期性的振动状态。
- β、α、θ、δ脑电波的“兄弟情谊”。
- β脑电波：保持警惕。
- α脑电波：关于学习和记忆。
- θ脑电波：直达潜意识。
- δ脑电波：助人复原。

第4章

大脑的默认设置：对我们有用吗

本书想告诉大家的是：大脑创造了我们的生活。通过第一部分对大脑机制的讨论，可以看出，大脑是人类各种成果的最大创新推动力。事实上，大脑创造了我们的生活，它也许是我们作为人类得到的最好的一份礼物！

问题是，大脑是一个“有默认设置”的礼物，这带来了一些问题。当我们出生的时候，大脑是带有预设的，这些预设会让大脑与我们处于对立状态。当我们慢慢长大时，这些预设就会慢慢突显、强化——快成年时，我们便具有了对自身有阻碍作用的默认设置。如果我们不积极主动地克服这些默认设置，将面临的问题是：

- 阻止你实现目标。
- 在生活的每个关键领域都制造混乱/阻碍你的进步。
- 施加给你你绝对不需要的生活，增加你的压力。

这不是性格缺陷，而是生存机制

首先，需要澄清的一点是，这些默认设置（表现为有某些倾向）不是性格缺陷。如果你在生活中或周围人的身上看到了这些，不要就此认为自己或他人就是坏人。每个人都有这些倾向，每种倾向都是非常有效的生存机制。了解这些倾向的来龙去脉有助于你和老板、同事、客户、家人和朋友等建立良好的互动关系。

如果你是生活在野外的狩猎者 / 采集者，这些默认设置对个体生存非常有用。但是，当涉及经营一家企业、实现一个目标，或者仅做一个快乐的人这些事情时，默认设置会适得其反。看看你是否意识到自己有这些倾向。

默认设置 1　大脑倾向于强调消极信息而非积极信息

在人类大脑中存留下来的首要生存机制体现为我们对“消极信息”的输入很敏感，会忽略掉“积极信息”的输入。无论你之前是否知道，我们的大脑天生对威胁极其敏感。如果在原始社会，这当然是非常有用的，因为四处都是威胁！有灰熊、敌对部落和各种各样随时可能令你丧命的状况。在这样的情境中，对威胁更敏感的大脑能迅速地捕捉到各种威胁……因此能够更好地应对，使自己得以生存。所以，如果你在原始社会，这样的大脑连接对你的生存至关重要。

问题是，现在的你并非生活在荒野中，也不会经常面临死亡威胁，但你的人脑中仍有这个现在对你没有多大用处的默认设置，它现在所做的就是做出一系列动作来消耗你的能量。

消极大脑的隐形成本

如果你没有积极主动地处理默认设置，过度强调负面因素会导致你：

- 过分担心。
- 为不必要的事情感到压力。
- 无意中将机会视为威胁。
- 排斥那些真正喜欢你或想和你合作的人。
- 经历一个持续疲惫和暴躁的恶性循环。

当两个人或更多的人组成团队时，人们大脑中的默认设置会制造出消极社交氛围——眨眼间整个办公室让人感觉毫无生气。如果积极向上的能量对你达成结果很重要，你就需要每天（有时甚至每小时）克服默认设置的消极敏感状态。

默认设置 2　与重要的事情相比，大脑很容易（真的很容易）过度关注紧急的事情

大脑天生会把注意力转移到突然出现在你面前的任何事物上。

不管什么东西，只要是突然冒出来，也不管你在做什

么，你的注意力在哪儿，一次打断、一个电话、短信、邮件提醒、偶然的想法，哪怕只是只松鼠！无论刚刚发生了什么（尤其你刚刚看到的），你都会关注。这听起来熟悉吗？

这个反应状态也来自荒野生存空间，对我们的生存非常有必要。比如说，你已经知道有只灰熊想要吃掉你，就是现在，这跟给你发一封预约“下周见”的邀请邮件不同——你正在遭受攻击！这意味着如果不立即采取行动，你会被灰熊吃掉。

这就是大脑为什么倾向于对威胁立即做出反应。另外，我们没有被要求区分“紧急”和“重要”。

现在并非荒野生存，默认设置对我们有以下影响。

你有没有注意到大脑很容易游荡和偏离轨道？当你想到这些时，有没有觉得很滑稽：你正在向客户做演示，如果进展顺利，将赚取数十万美元，但这时一只小狗恰巧路过，你会怎么样？忽然就结束了演示甚至连个道歉都没有就走了。

这听起来很滑稽，但其实就是这样。虽然我们在这一部分对注意力分散开了个玩笑，但日常生活中的注意力分散绝非玩笑。事实上，注意力分散的代价非常高昂。

注意力分散的高昂代价

当注意力分散时，能量会被消耗。想象一下你非常专注的时候，其他事吸引了你的注意力。你的大脑从“正常”到“偏离正常”只需要大约一毫秒。“可是，你要花多长时间才能回到你刚才专注的事情上呢？”需要4～20分钟。这很不公平吧……但这就是事实。

时间和能量的消耗都是高昂代价。考虑大脑每天走神的次数，时间就是金钱，你就会开始明白，默认设置不仅是“哦，哈哈，我分心了”这么简单，相反，如果放任不管，默认设置会严重影响你的工作效率和注意力，让你一整天的精力、信心和底线都消耗殆尽。

默认设置3　大脑渴望安全感，远远超过你想要的“进度”

如果我们问你是不是想要取得进展，你可能感觉问出这个问题的我们像只“怪物”。人，怎么会问如此愚蠢的问题？你会说：

“我当然想有进展，想比去年挣得更多，想保持更好的身材，希望我的孩子能过上更好的生活。如果我不想进步，为什么还要买这本书？”

你知道吗？我们相信你。我们知道你想要进步，我们也希望你进步！你的成绩对我们来说是最好的证明。此外，我们还相信，因为这是每个人赢得胜利的方式，所以你的家人、同事、邻居都希望你取得进步。很多人都渴望进步，这不是你的问题。

你的问题在于，进步，并非大脑想要的……大脑只想待在原地。从逻辑上讲，你想要进步，但从生物学上讲，大脑渴望安全感。

在荒野中生存的你，会是什么样子？之前我们说过……在野外，人身安全不断受到威胁，在那种环境下，安全是首要任务，否则就会死掉。因此，经过很多代人的基因传承、祖辈的训练和更广泛程度的文化强化，我们的大脑对安全感的强烈渴望不可忽视。

地理和心理之间的联系

如果你是一位狩猎者/采集者，你和部落居住在一块面积不大、被称为家园的土地上，默认设置就会被打上地域标志。家园的面积很小——可能只有10～20平方英里（1平方英里≈1 609平方米），一个典型的小镇。在你的一生中，你和你的家族一般不会离开那片土地，除非被迫离开。这一小块地域会对你产生难以置信的强大引力，因为在家乡你有很多优势。例如，知道所有好的藏身之处，以及所有好的浆果生长的地方，等等。为了生存，对安全感的渴望非常强烈。

今天，这种安全感从心理层面上以跟我们对抗的方式显现出来。具体来说，它塑造了人的舒适区。每个人都需要一个舒适区，这并没有错——每个人的大脑中都有一个根深蒂固的舒适区。

但问题是，现在你需要有进步……停留在舒适区是不会有任何进步的。

成长还是舒适：这是一场注定失败的战斗吗

想想看，每一件给你带来进步的事情，要么是不舒服的，要么是有风险的，要么两者都有。比如：

- 你想要撰写你的商业书籍，需要做调查，这不是一件很舒服的事情，还有其他风险。
- 你想让自己的身体更强壮吗？你要锻炼你的肌肉，体会那种肌肉酸痛的感觉。
- 想要增加你的净资产或为将来存钱吗？现在必须做一些对大脑来说是有风险的物质享受牺牲。

如果你要保持进步，通常要对两种情况做出选择：一种是取得进步，但有风险/令你感觉不舒服，另一种是轻松/安全/舒适，但让你停滞不前。默认情况下，大脑会100%希望选择轻松/安全/舒适的状态……不是90%而是100%。这就是人们常常陷入困境、停滞不前并感到无法突破的主要原因。

停滞不前是舒适区的副产品

没有人会刻意地选择“停滞不前”——你从来没有在1月1日醒来，然后下定决心说：“我真的希望今年和去年一样糟。”但我们经常做的是无意识地选择那些感觉舒适、熟悉、安全的想法和习惯……每一次，副产品都是停滞不前。

总结

大脑有三个主要的默认设置：

1. 过分关注消极信息的倾向。

2. 容易被紧急事件消耗能量的倾向。

3. 对安全感的持续渴望超过对有进步的渴望。

这些会阻碍你的进步。老实说，你能在生活中辨别这些默认设置吗？我们希望你能做到，因为认识和意识永远是认知升级的第一步。你不能从一个你不知道自己身处其中的监狱里逃跑吧。

有坏消息，有好消息，还有真正的好消息

坏消息是，对于这些默认设置，如果任其发展，它们就会自然运行。很抱歉让你感到沮丧了，但这是事实。

好消息是，请仔细听——我们100%不是默认设置的受害者。因为我们不是一台被迫运行的机器。最重要的是，我们

是人。作为人类，我们有能力做出选择、采取行动，并从经验中习得教训。

如果你做这些事情——选择、行动和学习——意味着你有能力重新编制预设程序，这样你就能获得想要的结果。

而真正的好消息是，通过以各种看似微不足道的方式重新编制这些程序，会带来大幅的绩效提升和改进。这就是随后我们要学习的内容。

本章回顾

- 就像计算机一样，大脑有“默认设置”。其中一些是绝佳的生存机制，但在你追求卓越的过程中适得其反。
- 大脑倾向于过分强调消极信息，而忽略积极信息。
- 大脑很容易被紧急事件消耗大量能量，因此没有精力去关注重要的事情了。
- 大脑渴望的是有安全感而不是有进步。

第5章

2毫米原理与突破瓶颈的秘诀

我们希望你已经基本了解了为什么我们要这样做，并了解了一些可能面临的内部阻碍。随后我们就要从基本理解过渡到具体的方法和原则了，其中很多都可以直接使用。让我们用两个能让你更有可能采取行动的“理论武器”来结束第一部分的内容吧，它们是2毫米原理和突破瓶颈的秘诀。

2 毫米原理

所有赢得比赛的机会就在我们身边，比赛中的每个间歇，每一分，每一秒。

——阿尔·帕西诺（Al Pacino），《挑战星期天》（*Any Given Sunday*，美式足球电影）

最初罗杰教给我时，“2毫米原理”（The 2-Milimeter Principle）还被称为“赢的边缘理论”（Winning Edge Theory），主要观点是：当我们处于正确的位置时，很微小的改变就可以造成最终结果的巨大差异，有点儿像中国人说的“失之毫厘，谬以千里”。当我了解了高尔夫球运动时，便开始称这个理论为“2毫米原理”。

让我们想象一下，静置在发球台上的高尔夫球，球手挥杆，沿弧线把球送入球道，你会开始明白微小的差异是如何产生巨大影响的，以及为什么高尔夫球这项运动会令人疯狂。如果击球者以一个完美的90° 角击中球的中心，就相当于在球道的中心“射门”。如果打出那一杆，你会有一种巨大的满足感，还可能赢得一些赌注。当然，也取决于你和谁一起打。

现在稍微改变一点儿，使球杆面以85° 角击球（变化小于5%），球不是离开球道一点，而是完全离开了球道。你甚至可能找不到球，偏离位置令你很不爽。一位客户（狂热的高尔夫球球手）将不到5%的微小变化描述为“兴高采烈和沮丧之间的巨大差异”。如果我们谈论的是一位职业高尔夫球球手，那么微小的变化实际上意味着第一名和第十名的差距，以及数十万美元奖金的得失。

还有一个例子。在写这本书的过程中，一匹名叫Justify的马赢得了肯塔基赛马会（Kentucky Derby）的冠军（后来又赢得了三连冠）。肯塔基赛马会的奖金是200万美元，获胜的马获得62%的奖金，剩下的38%分给后面的四匹马，没有进入前五名的马将得不到任何奖励。

肯塔基赛马会结果列表

- 第1名（124万美元）：Justify （2：04.20）；骑师：迈克·史密斯；教练：鲍勃·巴弗特
- 第2名（40万美元）：Good Magic （–2½）；骑师：

何塞·奥尔蒂斯；教练：查德·布朗

- 第3名（20万美元）：Audible（−2½）；骑师：哈维尔·卡斯特利亚诺；教练：托德·普莱彻
- 第4名（10万美元）：Instilled Regard（−4¼）；骑师：德雷登·范·戴克；教练：杰里·霍林多弗
- 第5名（6万美元）：My Boy Jack（−7）；骑师：肯特·德普梅厄；教练：J.基思·德普梅厄
- 第6名：Bravazo（−8）；骑师：路易斯·康特拉斯和教练：D.韦恩·卢卡斯

2毫米原理在以下几个方面完全适用于此列表。首先，请注意Justify和Good Magic之间奖金的巨大差异……相差804 000美元！而时间相差不到两秒（相差2½），你可以看到一个微小的差别造成了最终结果的巨大差异——不到2%的时间差造成了奖金300%的差异。

再来看看第5名和第6名的区别。My Boy Jack 在Bravazo前面跑完了一段距离，时间相差不到一秒。My Boy Jack 带回家6万美元，Bravazo呢？没有奖金。所以，少于1%的时间差造成了奖金的巨大差异。

生活也是如此。作为本书的读者，你很可能处于激烈竞争的生存环境中，在这样的环境中，你的“胜利边际”可能很微小……产生数量级的差异，有时甚至是无穷大的差异。你的表现比“另一个人”稍微好一点，或者跟进一个客户稍微好一点……你就可能得到所有的生意，而不是没有。你每天多打一个电话，到年底你的口袋里就会多出成千上万美元。你做了一些事情来重新连接你的大脑以获得更多的注意力／能量／创造力，六个月后你的生活就看起来完全不同了。

我们不只是在夸夸其谈或纸上谈兵……这些都是我们的客户取得的实际成果。

在足球电影《挑战星期天》中，阿尔·帕西诺在更衣室里发表了一场标志性的演讲（如果你不介意电影中的一些脏话，为了看看这个桥段选择观看这部电影是值得的）。

“所有赢得比赛的机会就在我们身边，比赛中的每个间歇，每一分，每一秒，我们每个人都为此而战，都要竭尽所能地去触及每一寸每一码。因为我们知道，当我们把这些九牛一毛加在一起时，就决定了胜负与生死。”

这就是2毫米原理，希望你能从中得到启发。你无须改变每一件事，但你需要做一些不同的事情。希望你在阅读以下内容的时候，试着掌控你的大脑，寻找你的2毫米，或者你的“英寸”，然后稍微升级它们。请记住，微小的改转变将带来巨大的差异。

如果你想知道从哪里开始寻找，建议你从突破瓶颈的秘诀开始。

突破瓶颈的秘诀

如果你正在读这本书，这是很好的迹象，表明你正在试图寻求精神上的突破。这是顿悟，是突破，它会在你的结果中显现出来。你已经达到了某个程度，但要突破下个阶段还需要更优秀的能力。

在多年的工作中我们已经看到，当涉及实现一个精神突破（也是结果突破）时，需要以下三个关键组成部分：

- 得到帮助。
- 获得投资。
- 离开。

以下内容将向你展示它们起作用时的完美示例。

得到帮助

这并非什么新鲜事物，想取得突破，首先要寻求帮助。教练或可信赖的专业伙伴都能提供帮助，他们能从不同的、外在的、相对公正的角度来分析你的处境，帮助你走上通往成功的最佳道路。你需要一个能引领你面对风险的、值得信赖的人。这个人如果经历过跟你当下相似的处境并具备相应的经验就更好了。

你需要帮助，因为你根本无法自行到达目的地。由于许多原因，我们的大脑和行为受信念控制，这些信念来自我们的经历和对经历的反应。

对或错无关紧要，这些经历和信念创造了模式。当我们对一种模式感到舒适和熟悉时，就会出现停滞。我们与客户打交道时最喜欢说的一句话是："我不会告诉你任何你不知道的事情……"但是我们忽略了就此他们已经回应过很多次："我知道，我只是需要再听一遍别人的答案，才能更确信。"得到外界的帮助并不可耻，没什么好害怕或不好意思的。

还记得第一次做口腔手术时，外科医生们对我说："罗柏，当你开始觉得要昏过去的时候，就告诉我们。这样的状况很多，所以别担心，每个人都差不多，撑不住时就要说。"起初我回应说："没什么，我还行。"但手术进行36分钟后，我告诉你吧，我只想让医生知道，我需要帮助才能保持清醒。如果我没有放慢思考和行动的节奏来寻求帮助，那么在手术过程中，我的反应会阻碍手术的顺利进行。好消息是我没有昏过去（绝对是一触即发的几分钟），整个手术也顺利完成了。

获得投资

为了取得突破，你需要对自己进行一些“令人不怎么愉悦”的投资。这里我们有意使用“投资”这个词。当听到“投资”这两个字时，大多数人会不由自主地想：“嗯，要花我多少钱呢？”其实，这只是等式的一半（甚至连一半都不到）。这里的投资主要与时间有关。

人的一生贯穿着赚钱、赔钱和花钱。但时间不同，一旦消失了，就不会再有了。如果把人生比作一卷厕纸，一旦开始使用，卷纸就会变小，越来越快地就被用完，一旦用完，就没有了。你都不会再想起它。

时间对我们而言是最有价值的资产（我们“拥有”它吗？这个问题会引起争议）。本书关注的核心是欲速则慢的道理，它同样适用于时间投资。我们周围的大多数人每天都忙于日常具体活动，在这些人心中，主动留出一定的时间来投资自己的想法就是在浪费时间。

然而，事实并非如此。

这个令人不愉悦的“投资”乍一看可能是令你抓狂的一个数字或时间安排。你完全不知所为，如何进行预算 / 能否负担得起 / 是不是需要付出？你的第一反应很可能是“这压根儿就不是我想做的”。

然而，一旦你花一分钟去想一下，大脑会说：“等等……其实没那么糟！我能做得到！”对很多客户来说，每周留出两个小时的想法有些莫名其妙。但是，一旦他们明白了这两个小时对他们的作用，就会想方设法地挤出时间，差不多5~6小时，甚至一天的时间！

从经济角度来看，我们不可能做到“拆东墙补西墙”，你能放弃自己一直中意的意式咖啡吗？每个月让你少吃一顿饭可以吗？或者在酒吧少喝一杯酒？如果精神上的突破对你来说是值得的，你能在生活中放弃什么来实现它呢？这真的值得吗？在现实中，我们遇到的几乎所有情况，答案都是响亮的“是”。

离开

“离开”可能是这三个部分中最容易理解和最容易被证明的，有着不同的、但都正确的定义。

如果你读过《训练大脑，走向成功》（*Train Your Brain for Success*）的序言，那么关于舒适区和奇迹发生区的这张图你就不会没有印象了（见图5.1）。

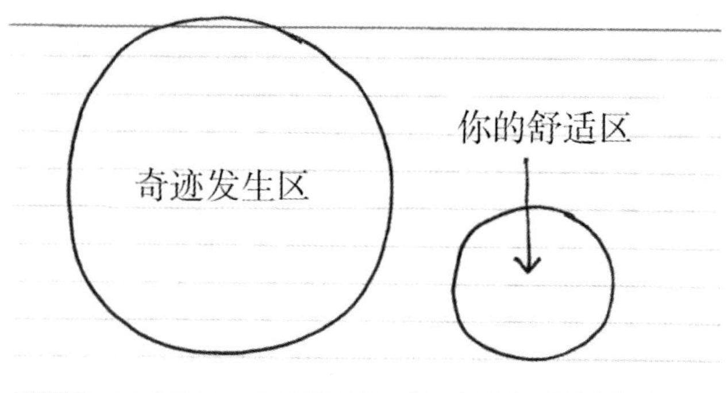

图 5.1 奇迹发生在你的舒适区之外

虽然每个人都有舒适区没什么错，但它往往是唯一的限制——或者更准确地说，就是它，阻碍了你进行自我精神突破。舒适区是建立在熟悉基础上的，你所做的每个决定都是基于你对某种经历、食物、温度、抗拒程度、乐趣或痛苦的熟悉程度而无意识地做出的。

所以，让自己远离熟悉感的最简单方法就是离开。这是什么意思呢？

- 离开你的办公室。
- 离开你的同事。
- 离开你的家人。
- 离开你的日常生活。
- 离开你的时区。

- 离开你的饮食。
- 离开你的电视。
- 离开你目前相信的任何“故事”。

无论你是做什么的，借此机会可能带来新观点或新前景。为了心智能突破原有的藩篱，你需要离开所做的一切。就像多数人度假时都会选择一个僻静的地方或豪华度假胜地和岛屿。很多邀请我参加的会议都选择了这样的地方：拉斯维加斯、夏威夷、威斯康星州、鸽子堡、迈阿密、新奥尔良、迪士尼乐园。会议筹办者们知道，为了使与会者“从体验中获得最大收益”，必须有更多体验。其实，这个想法与我们的建议不谋而合。人们需要保持开放的心态，以试着发生改变。

并不是所有的度假村都包含在内

本书的读者中，很多人要么不会，要么没有机会参加在知名度假胜地举行的会议。没关系，通过以下真实生活中的例子，我们可以更好地理解“离开”的含义。

对许多客户来说，离开似乎意味着离开办公室，在咖啡馆或家里办公，因为在办公室里他们经常被打扰。

- 一名销售人员决定采取行动打破一连串没有结果的演示讲解。
- 棒球的“拉力赛帽”。
- 披头士前往印度寻找新的灵感。
- 不在办公室开会，而是在公共区域或餐厅开会。
- 在你醒着的前10分钟不要打开电视。

案例研究：完美逃离之旅

罗柏：

西雅图学习俱乐部，是我最喜欢的俱乐部，在那里，我领略到了“逃离”带给我的最好结果。西雅图学习俱乐部由迈克尔·科恩博士于1993年创立，实行会员制，汇集了牙科领域最优秀的临床、实践管理和高潜人才。世界各地有超过250个分会/俱乐部，是牙科领域最受认可和尊重的组织之一，其使命是培养优秀的综合牙科医生。在介绍给成员之前，每个演讲者、合作伙伴及每段分享内容都要经过严密的审查。当我第一次被介绍到西雅图学习俱乐部时，一位创始成员告诉我：“你知道吗？就算有人推荐，要成为俱乐部的演讲者大约需要10年的时间。”但我花了三分钟就做到了。

关于这个组织，你可以想象成“两个人”——乡村俱乐部和智囊团，它们结合后有了一个“可爱的孩子”。只有临床上最优秀和最聪明的牙医才可以加入。我很荣幸进入西雅图学习俱乐部，能去全国各地演讲，与成员们成为朋友。

除了每月在每个俱乐部举行例会，西雅图学习俱乐部还举办向所有成员开放的一年一度的研讨会。引用已故的基思·杰克逊（Keith Jackson）的话说，这个活动是“其他所有活动的鼻祖”。

这个为期一周的活动，以业界最无与伦比的临床、实践管理和专业发展演讲为主题。活动总是在丽思卡尔顿酒店、四季酒店、费尔蒙特酒店和华尔道夫酒店这一类的顶级豪华酒店举行。几年前，我在会上遇见了一位酒店的销售主管，她跟我说，所有这些品牌酒店一直为争取此次研讨会的合作合同而进行着激烈竞争。可见这项活动的影响力非常大。

它之所以重要，是因为与会者知道，参加这个活动，就有机会了解学科前沿，听到富有智慧的认识，构建重要的人脉关系，这些有助于个人在业界的持续成长。

我们把西雅图学习俱乐部的年度研讨会分解为有助于实现突破瓶颈的三个部分来跟大家分享。

得到帮助

正如我前面提到的，演讲者包括世界级顶级人物。参加会议的医生有机会从这些会议中学习新思想、新技术和新方法。研讨会有一个庞大的组织和策划团队，经验丰富的医生也总能给新入行的或有前途的牙医更有效的建议。

在我上次参加的研讨会上，无意中听到一位医生朋友和一位演讲者（一位世界著名的口腔外科医生）的聊天。我没有听清所有的对话，但听到的那部分是："医生，我只是想过来见您一面，谢谢您。五年前我看过您关于某某程序的演讲，我要说的是，您的演讲改变了我使用程序的具体方式，也改变了我。"

假设那位朋友没有参加活动，这个对话将永远不会发生！这非常令人振奋吧。

获得投资

参加研讨会的价格不菲，报名费为每人4 000美元，那只是注册费，不包括旅行、住宿和用餐的费用。我之前说过，它总是在豪华酒店举行，通过与几位经常参会的医生沟通，我了解到活动结束时支付五位数的账单并不罕见。用我朋友鲍勃的话来说："你知道，这不仅是4 000美元的注册费和600美元一晚的房间，还有1 500美元一顿的晚餐，但是，可以肯定的是，我和朋友们在一起的时间和我们分享的案例研究让我觉得这一切都是值得的!”

即使最终的账单是1万美元，甚至2万美元，这也是值得的一次投资。所有参会的医生都是执业医生，他们实践的成功基于他们在手术室提供治疗的能力（包括外科手术、拔牙、种植牙等）。我的一位朋友开了一家多办事处的诊所，据悉，他的诊所是美国收入最高的公司之一，每天有10万美元收入进账。他给客户提供的都是额外可选的项目——不能用保险支付治疗费。这就好比一个房地产经纪人一天卖出500万美元的房子，或者一个人寿保险代理人每天签2 000万美元的保单，或者一个汽车经销商每天销售200辆新车。

若你考虑到他的时间及潜在的收入损失、个人参会成本、团队参会成本、机票、住宿、用餐、观光及潜在的注册服务，或者与供应商签署的订单，在研讨会期间可能花费将近一百万美元。但是当我问他为什么要花那么多钱来参加活动时，他想都没想，直视我说：“我什么都没花，我在投资自己、团队和业务，我知道如果学习一件事并在实践中运用它，那就要自己付出代价。十五年来我每年都来参加这个活动，每一年都是值得的!”

离开

在与西雅图学习俱乐部的执行团队成为朋友后，我了解到他们选择在高档酒店举办活动的真实原因。

西雅图学习俱乐部的活动运营团队知道正是在研讨会上的独特体验，才使它如此具有吸引力。他们知道，会员在寻求创造独特的记忆、故事和传统的那种感觉，这些在他们的日常生活中根本不可能出现。为了让会员年复一年地注册，西雅图学习俱乐部通过在最好的地方举办活动，邀请最杰出的演讲者，让会员进入一种放松、开放的状态，以最大限度地利用他们的投资。需要说明的是，很多娱乐活动的目的是让人们把注意力从临床业务上移开。世界级的艺人，如汤米·依曼纽（Tommy Emmanuel）、杰克·希马布库罗（Jake Shimabukuro）和其他人，都曾在这个活动中露面，邀请一位专业主持人主持，比赛、游戏表演和社交活动都是议程中的重点。这就是吸引人们持续参加学习俱乐部超过25年的原因。

对很多人来说，研讨会远远超出了人们的期望，你很难顾虑那些远离工作的时间，包括去那里的所有努力和花费。是时候去找你自己的“研讨会”，创造你正在寻求的精神突破了。也许是加利福尼亚州南部海岸七天的钓鱼之旅，也许是24小时的莫阿布山地自行车运动，或者巡回演唱会、半程或全程马拉松赛，可能是参加奈法（NAIFA）国民大会或NAR年会，或者你所在行业的活动。不管是什么，它都不会在你面前、你的办公室，甚至你的家乡举办，你得出去找一找。一旦你做到了，我保证你会感谢自己。你周围的人也一样受益。

本章回顾

为实现精神层面的，同时是注重结果的突破，请集中在以下三方面：

- 寻求帮助。
- 获得投资。
- 离开。

第 2 部分

减速：反直觉的真正有效方法

这一部分内容专注于能立即付诸实践的策略方法，基本都是关于“欲速则慢”的原理的，所有这些表面看起来是违反直觉的，也就是说，看起来似乎在倒退。

“欲速则慢”听起来似乎在倒退，先来感受以下的这些想法吧：

- 说“不”会得到更多的肯定。
- 工作越少可以让你成就越大。
- 给自己挤出两个小时，你就可以给对你重要的人留出10个小时（或更多）的时间。
- 完全闭嘴是最好的“展示”。
- 制订一个不那么详细的计划会让你的计划进行得更好。
- 巨大的成果往往始于细微之处。
- 纸和笔实际上比计算机和互联网更有效。

如果这些想法让你感觉在倒退，没关系，我们假设你并非真的在意自己是否处于常态，你更感兴趣的是获得好的结果。

提示：你要学习的内容不是纯理论，而是已经被实践证明有效的方法。在随后六章中，我们列出了一系列实践案例，都是全球各地客户的实践案例，以及在不同行业中表现最优秀的人践行的方法，都是非常有效的方法。

让我们开始吧！

第6章

通过掌控输入来掌控大脑：借助大脑编程自动输出结果

无用输入，无用输出。

——佚名

准备好的开头和结尾，过程顺其自然就好。

——丹·摩尔（Dan Moore）

西南优势公司（Southwestern Advantage）总裁

你可能听过“无用输入、无用输出”（garbage in, garbage out，简写为GIGO）这句话，似乎是数学家和计算机科学家常用的俚语，在很多情况下，它被用来描述输入和输出之间的关系。

维基百科给出了这样的描述：

在计算机科学中，GIGO是指有缺陷或无意义的输入数据产生无意义输出或“垃圾”的过程。GIGO原则普遍适用于所有的分析和逻辑，即论证前提有缺陷，结果一定有问题。

网络上是这样解释的：

GIGO是计算机科学和数学中的一个概念。简单来说，就是输入质量决定输出质量。举个例子，如果一个数学方程式表达有问题，就不可能得到正确答案。类似地，不正确的数据输入程序，输出就无效。

这个概念对所有人都有用。生活中，你的输出质量是你输入质量的直接结果。以身体健康为例，如果你吃得太多、太快，最终会营养不良、身体虚弱、体重超标和生病。

这个原则也适用于大脑的运行……在大脑中输入什么决定你得到什么。在这一部分的内容中，我们来帮助你升级所有的输入内容，在关键时刻改变你的神经回路以导入正确的输入内容。

大脑的主要输入源

我们一直认为，最有效的习惯管理方法之一就是管理大脑输入源的能力。一般有两种类型的输入源：内部输入源，本质上源于你自己；外部输入源，源于环境。

内部输入

来自内部的输入，是对你影响最大的，主要有三类：思想、语言（自言自语）和身体动作。这三者之间的相互作用是瞬间的，但可持续。一位杰出的导师艾德·佛曼（Ed Foreman）说过："如果你身体里的每个细胞都没有反应，你就不可能对一个想法有任何概念的暗示。你的身体和情绪都在偷听你所有的想法。"

我们接受过的教导有：

- 思想决定情绪（或感受）。
- 情绪创造行动。
- 行动创造结果。

思想= = = >情绪= = = >行动= = = = >结果

……这相当准确，但我们需要意识到现实世界是更加立体的，神经反馈回路无处不在。看起来更像这样：

- 思想支配情绪。
- 情绪产生自言自语（及更多想法）。
- 自言自语产生行动（及更多想法和情绪）。
- 行动直接创造结果（及更多想法、情绪和自言自语）。

关键点

这些输入会产生两种效果，可以有意让你振奋、积极和乐于助人，也可以无意间让你产生挫败感、消极情绪甚至开始破坏，没有回旋的余地。这意味着这些输入要么帮助你，要么伤害你，他们从来都不是中立的。

控制可控项

为了调控内部输入，请先考虑可操作的、最直接的控制是什么。也就是说，如果你控制了什么，其他也会随之改变。

你能控制你的思想吗？如果你能接近他们的话，思想是输入源中最难控制的。想想看……这本书的前提是你的大脑是四处游荡的，这意味着你的思想有它自己的想法！你的想法很难直接被控制。

来看看吧，像金钱、销售额、房间清洁度及你能做多少俯卧撑这种事情，很遗憾，都不在你的直接控制中。这些结果都是行动的副产品，你对它们有影响，但还有其他因素影响着它们。

能直接控制的内部输入是语言和身体动作，这也是我们培训客户的重点。我们帮助客户制订每天、每周或每季度的具体行动计划，以及要说或要表达的话语内容，营造两个要素为核心的一致、可靠的氛围。当对语言和身体动作的影响产生作用时，反馈链就构建起来了。接下来，进入良性循环，包括思想、情感、行动、语言及预期结果在内的一切都改进了。

在下一章的内容中，我们主要谈及提升自我对话的重要性，这一部分我们聚焦于身体动作振幅的改进。这并非一张全包式的、解决问题的清单，但确实有一些你可以做的事情，在任何情境中它们能帮助你提升情绪控制能力，重新连接大脑，不会令你反感或产生异样的感觉，具体如下：

- 深呼吸
- 微笑
- 笑
- 走
- 做一些简单的体育锻炼，比如俯卧撑、仰卧起坐或瑜伽
- 像超级英雄一样站立
- 反弹

- 喝一大杯水
- 伸展运动
- 坚持阅读
- 阅读积极向上、给人启发、正向引导的内容
- 写作：目标、感恩清单或日记
- 真诚地赞美某人
- 所有善意的举动

具体怎么做，其实有各种组合方式，与我们的客户一起制定一个全面的“编程仪式”是我们培训的核心基础。需要明确的是：

- 这些内容单独或组合执行，方式千变万化，保证能起作用就好。
- 没有最糟糕的时候，但总有最好的时候。

现在你能理解为什么这些内容中至少有一部分会成为你“赢在一天的开始”的保证了吧。

接下来我们看看来自外部的影响。

外部输入

你的主要外部输入源包括：

- 你阅读的内容

- 你看到的
- 你听到的
- 你周围都有谁——他们对你说了什么 / 关于你的什么，以及他们给你的感觉

关键点

对于这些输入，我们只有两个选项：有意地使其成为积极向上、乐于助人的促进因素；无意中使其成为弄巧成拙、消极懈怠的破坏因素。这里没有什么中间地带，意味着这些输入对我们而言要么有益，要么有害。

这听起来有点啰唆，我们来梳理一下。重点是：外部信息很多，都在竞相争夺你有限的大脑空间，而其中大多数的外部信息对你而言并非你需要的正确输入内容，它们根本没有真正读懂你。

对你大脑的争夺比以往任何时候都激烈

置身于超链接的当今世界，我们不得不应对无处不在的海量信息：

1. 想要赚你钱的广告
2. 想让你关注的媒体频道……这就完成了第一条的诉求
3. 企业、政府部门和规章制度

4. 有各种计划和想法的人们

5. 还有很多只想哭诉和抱怨并试图唤起你的同情心的人们

并不是说所有这些事情都会让你焦头烂额，而有一部分是。它们交织在一起左右你的注意力、想法、感受和行动。

在过去，避免这些外部输入源容易得多，但现在几乎是不可能的。因此你必须做出选择，选择那些对你有价值的外部输入。同样，你需要注意的是：那些有助于你的输入无法从混乱中突围，除非你有意为之，而且目标明确，始终坚持才能做到。你不仅需要将这些有益信息输入大脑，还要把它们从混沌中拎出来，为你所用。

我们推荐一些有效的简单方法，在一天开始和结束的时候，甚至一整天利用你的α脑电波和θ脑电波。

- 听一些能激励或感动你的音乐
- 在车里听播客或音频
- 读一本书（好主意）
- 少接触“新闻”

赢得一天的开始

冠军总在无人注意的时刻诞生。

——约翰·伍德（John Wooden），10次NCAA冠军篮球教练

对大脑编程的首要关键窗口出现在清晨的安静时刻，就是你睁开眼睛开始新的一天的那个时刻，那一刻只有你和新的一天。

一天的第一个小时是我的

澳拜客牛排（Outback Steakhouse）联合创始人克里斯·沙利文（Chris Sullivan）是一位了不起的、令人难以置信的成功企业家。在网络上搜索一下，就能看到他取得的巨大成就：他创办了知名的连锁餐厅，热衷于慈善/社区服务，管理着有数千名员工的庞大机构。大家都说他是个很不错的人，正直、脚踏实地、性情温和。成功对他而言似乎易如反掌。

当有人问他“您的成功秘诀是什么”时，他的回答令人深受启发：

一天中我的大部分时间都属于别人，要回答问题、帮助高管做决定、与团队一起工作，参加会议等。还有家人，与家人在一起的时间对我而言是最重要的。所以，我的大部分

时间都属于别人。我唯一能确保的属于自己的时间是每天醒来后的第一个小时。

你几乎会从每一位杰出的领导者、思想家或顶级经纪人那里听到类似的建议。他们可能用不同的语言来描述，但这些被视为楷模的人都有各自的习惯来帮助自己赢在一天开始。这就是他们的秘诀。

还记得α脑电波和θ脑电波吗

回想一下我们对脑电波模式的讨论，以及你的“潜意识大象”是如何产出结果的。记住以下的不同状态。

高α脑电波阶段：不管你愿不愿意，你能记住所有的一切。

高θ脑电波阶段：不管你愿不愿意，输入会直接进入你的潜意识。

我们的第一个高θ脑电波／α脑电波周期出现在每天醒来后的前30分钟。现在你知道，为什么我们说以正确的方式开始新的一天有多重要了吧。每天开始的30～60分钟为你随后一整天的状态定下了基调。

事情就是这样，你知道它要来了。每天的第一个小时天天都有吧，它要么帮助你，要么伤害你，每天早上都对你产生影响，而你可以进行选择。所以，不要错过这个能在很大程度上重塑心智的黄金时机。

从根本上说，这里的关键是系统地、一致地、积极地保护那些在这段时间内你希望进入大脑的那些信息。具体方法如下。

如果打盹，你就输了

让我们从清晨最初的那一刻开始吧，按下闹钟，该起床了。这一刻其实令很多人感觉不爽，尤其当你被闹钟叫醒时。其实，多睡九分钟根本没有任何帮助。首先，你并没有真正睡着；其次，在看似睡着的这九分钟里，你大脑里的θ脑电波区域正在发生着最糟糕的事情。

当你的情绪变得低落时，潜意识是最密切的倾听者，你在焦虑、担心、抗拒一天的到来。你看似躺在那里，但身体动作和自言自语，让你的潜意识“读”到了以下这些内容：

- “我太累了。”
- “我不想起床。”
- “工作糟透了。”

就在这个时候，你的潜意识“读”到了所有的消极和自怨自艾，随后一整天你就处于这样的状态中了。

所以，别闹了，像成年人一样起身吧。没人要求你带着微笑和唱着动听的歌起床（但不妨试试），但与你和潜意识里大象继续躺着，焦躁不安，产生抗拒，跌跌撞撞地去洗漱相比，直接起身会好得多。

从明天早上开始做小练习吧，迈出这一小步。明天早上，闹铃响起时，轻轻地起身，对自己说："元气满满的一天开始了"，随后每天都对自己这样说。

小声说，含糊地说，清晰地说或者大声地说，怎样都行。从这个不起眼的小句子开始你的一天，让你的大脑重新连接，让这一天真的很棒。下一章的内容是关于如何让你脑海中的声音成为你的盟友的，但如果你跳过了这一章，那就在早上起床的时候试试上面这个小练习，看看它是否起作用。我们保证它会起作用的——起床吧。

打盹按钮的积极用途

其实，闹钟除了可以叫醒我们，也可以帮助我们形成好的习惯。达伦·哈迪在他的畅销书《复合效应》（*The Compound Effect*）中描述了他每天如何使用打盹按钮的故事。在闹铃响之前的九分钟里他所做的事情简直是天才的想法：

躺在床上，想那些让他心存感激的事情，不去想待办事情清单，不纠结昨天已发生的事情，不担心今天可能发生的事情。

这种方法给你的潜意识提供了最好的内容，遍布于随后的一整天。

如果你能坚持做到这样，强烈建议你以这种方式使用闹钟。如果你无法做到让你的大脑充满感激，那就马上行动起来吧。

尽可能长时间不插电

一旦起床了，你要试着在每天的最初30~60分钟尽可能地远离压力、担忧和消极情绪。最简单的方法就是尽可能地长时间不插电，这是什么意思呢？

就是在每天的最初一个小时内远离“屏幕”：这会改变你的生活。这个“屏幕”涉及：

- 电子邮件
- “回复所有人”
- 办公室人际关系
- 八卦
- 盲目喋喋不休
- “新闻”
- 你朋友愤怒的政治观点
- 那些寻求“建议”的人其实只是在可怜地隐藏自己的同情请求

互联网上确实有很多令人惊奇和鼓舞人心的内容，而且很容易获得，但大脑的默认设置应对过度信息时会带来压力和消极情绪。我们需要看清的是，起床后30秒就查看电子邮件似乎证明在积极应对工作，但是，我们真的需要在早上

5：30就这么做吗？更重要的是，当你的大脑处于最容易接收信息的状态时，我们要冒着压力和消极情绪涌入大脑的风险吗？这值得吗？

在每天开始的最初半小时，关掉电视，不查收邮件，不看手机，更不要看新闻。让我们带着关心、爱和感激安安静静地与清晨的宁静融为一体。如果你做到了，那么随后的一整天你会感觉很美好。

“好吧，如果不使用电子设备……我该做什么？”

很高兴你能这么问。事实上，你可以有很多选择，而且这些选择已经被世界上最成功的人尝试和使用过。

问问任何一位成功的企业家、领导者、顶级经纪人、职业运动员，或者在其他方面效率极高的成功人士，他们的“清晨例行惯例”是什么。答案可能不止一种，但共同之处在于他们的清晨黄金时间都有很相似的固定的选择。你现在还没有意识到早晨起床的方式如此重要，这恰恰是你开始控制你的思想的起点。

我们的日常生活由什么组成？这取决于你问的人是谁。如果你读过哈尔·埃尔罗德（Hal Elrod）的奇幻小说《奇迹清晨》（*The Miracle Morning*），就会了解他的六步S.A.V.E.R.S 模型。蒂姆·费里斯（Tim Ferriss）在其以内容取胜的巨著中，经常谈到他为赢得早晨所做的三件事（也可能是四件或五件，取决于你读的哪篇博客文章）。如果你读过《训练大脑，走向成功》（*Train Your Brain for Success*）这本书，就会了解什么是“动力时刻”，它由15个小的具体做法组成，这些“小胜利”开启了你“不败”的一天，让你感觉势不可当。

多年以来，关于怎么建立自己的各种有仪式感的行为，我们听到过各种建议。现在，我们也建议用以下几种活动或其组合来对应你的θ脑电波和α脑电波。

1. 肯定：口头的、书面的，等等（下一章会具体讨论）。
2. 感恩：花点时间去真正欣赏新的一天。
3. 运动：伸展运动、瑜伽、健美操、跑步，或者做只要任何能让你动起来、让你感觉良好的运动。
4. 喝一大杯水。
5. 煮一壶非常好的咖啡或茶。
6. 阅读和 / 或听一些令人振奋、鼓舞或充实自己的内容。
7. 阅读和 / 或听一些让你能会心一笑的内容。
8. 写作 / 日志记录。
9. DB6（见第9章两小时解决方案）。

10. 冥想：冥想带来无数的可能性。

11. 形象化：专注于你的目标和你希望这一天如何度过。

12. 整理你的床铺，或者做其他事情来避免杂乱和无序。

当然这不是一个完全的列表，还有很多可能，也没有必要做完所有这些。对于刚开始想改变的人来说，从上面这些事情中挑出三五件，融入你早晨最初的30~60分钟就可以。

当你在清晨时分做这些事情的时候，记得时不时停下来，关注一下做了什么。拍拍自己，安慰一下，把每一步都当作一个小小的个人胜利来庆祝。这看起来有点儿傻乎乎的，但相信我们，它真的很有效。

当说到提升你的自信、活力和整体吸引力时，没有任何事情能比自己感觉在做着正确的事更重要了。留心自己做到的哪怕一个小小的胜利，都会让你觉得自己更强大，更有控制力。把这些你注意到的小成功串联在一起，你就有了真正的内在动力，这些动力会不断地聚集，连续几天，你会拥有感觉非常好的一周。像这样连续几周后，你的身体会重新焕发活力，变得有效率。

小小的一步会让你的一天变得很特别，请试着抓住机会感受一下。

这其中，还有一个更为重要的机会不太为人所知。如果你一整天都能让自己处于正念状态，这会在很大程度上有助于你从原来墨守成规的束缚中走出来。我们来看看这到底是什么意思。

赢得一天的结束

如果你就想做普通人，学习大多数人是怎么做的就可以了。如果你想出人头地，就看看大部分人做的事情是什么，然后做与他们相反的事情。

——佚名

当你晚上准备睡觉的时候，大脑编程的另一个重要的α脑电波 / θ脑电波时段出现了。也就是说，你每天入睡前的30～60分钟是另一个把成功的、丰富的想法即时接入大脑的关键时刻。

就像每天你的第一个想法 / 行动 / 话语为随后积极活跃的一天奠定基调一样，每天你睡前的最后一个想法 / 行动 / 话语也为你享受一个宁静的夜晚奠定了基调，这对你的潜意识可能更重要。

潜意识从不睡觉，它不需要。当你睡着时，你的潜意识非常活跃，它把信息转化为长期记忆，处理一天中发生的各种事情，处理你的意识无法独自解决的问题，设定成功目标。

当你清醒的时候，你的潜意识完成了所有的“工作”，这令人难以置信。在睡眠时间，当你有意识地规划你的潜意识时，你的大脑会做大量的工作来发挥它的“魔力”，而你的能量消耗是零。为了优化“欲速则慢”这一原则，有两个主要策略。

1．过渡到正念的温和状态。

2．问一个好问题。

在一天中过渡到正念的温和状态

*** 警告 ***

还有一点，如果你听从我们的建议，你也会被认为是“不正常的”。我们的客户和真正优秀的人的睡觉方式与大多数人截然不同。如果你也想听我们的，那就是“不正常的”。但最多一个星期，你会非常感谢我们，我们对此深信不疑。

想一想，为什么早上的时间对于重新编写大脑程序很重要，那是因为你正在释放δ脑电波，经历了θ脑电波和α脑电波的转换，你一天中的大部分时间都处于高度警觉、全面唤醒的状态。在过渡时期，不管你是否有意，都会记住所有的东西，或者直接把它下载到潜意识里。同样的道理适用于你一天中最放松的时间，只是顺序相反。每天睡前的30～60分钟和醒来后的30～60分钟一样重要。

在这个时间段通常会发生什么呢？你可能和大多数人一样，会做一些令人抓狂的事情，每天给孩子喂食，上完课把孩子带回家，工作到很晚，上下班，吃饭，直到上床睡觉，一天中你最后做的就是喝酒和看电视。如果你很难精力充沛地醒来并感觉良好，首先要看你是如何上床睡觉的。你的早晨实际上是从前一天晚上开始的，所以好好照顾你的睡眠吧。

“科技宵禁”

如果你要在一天结束的时候有所掌控，那就定一个特定的睡觉时间并坚持做到。你的孩子有一个确定的睡觉时间是因为你想让他们第二天在学校有良好表现，是这样吧？那么请你也这样对待自己吧。

一旦决定了睡觉时间，就请努力做到。这要求你至少在闭上眼睛前的30分钟，把头靠在枕头上，关掉屏幕。即睡前至少半小时不要看计算机、电视和手机。一个小时最好，但30分钟也很有帮助了。

很多研究揭示了这一点如此重要的原因，主要问题就是光线。LED屏幕产生的光线太亮，会让大脑误以为太阳还在空中，还不是睡觉的时候，这令你很难入睡，更不要说有高质量的睡眠了。

将光线问题与α脑电波、θ脑电波的高灵敏度结合起来，夜间屏幕的设计可能会起反作用。取而代之的恰当方式是，尝试一些轻松愉快的活动，只要几分钟就能让你睡得更好，让潜意识大象整夜为你工作吧。

- 读一本书（多好的想法）
- 回顾自己确定的最佳睡觉时间
- 再看看你的目标
- 可视化
- 泡个澡或冲一下
- 枕边谈话
- 拥抱
- 呼吸
- 表达感激

然后你就睡着了，为潜意识播下整夜的美好种子。

三个字让你更快乐、更有效率

对许多专业人士来说，他们掌控大脑最大的障碍之一就是不能很好地休息，常处于疲惫状态。为了提高效率，你能做的最好的事情之一就是睡个好觉。第一步就是为睡眠创造一个好的环境，这可以在任何地方实施（特别是在旅行状态）。

将好的睡眠环境比喻为“茧”是不是更形象一些，其实很简单，确保你睡觉的房间符合大脑对休息的环境提出的三个要求。

1. **黑暗**。尽可能地屏蔽光线。遮光窗帘，关掉电视、手机和计算机都有帮助。甚至像闹钟和烟雾警报灯这样的东西也会欺骗你的大脑，所以尽可能地避开这些。

2. **安静**。大脑会对“夜间发生的事情”高度敏感，进入睡眠的状态越安静，对大脑越有益。有人用“白噪音”，如风扇或其他单调的声音营造积极的氛围，除此之外，要尽量消除任何声音。

3. **凉爽**。身体休息的一种方式就是稍微降低体温。在炎热的环境中休息几乎是不可能的，所以无论你在哪里，让你的睡眠环境凉爽一些，甚至有一点儿凉意，这会让你的大脑感觉更好。

这三个简单的条件——黑暗、安静和凉爽——真的能让你在一天结束时变得不同。

使你一夜之间工作效率提高六倍的一个问题

其实，秘诀就是在恰当的时间问了一个恰当的问题，不占用任何时间。

以下介绍的例子基于罗杰·赛普（Roger Seip）的实践经验。

把罗杰2018年写的《掌控你的大脑》（*Master Your Mind*）和我们2012年写的《训练大脑，走向成功》（*Train Your Brain for Success*）两本书的销售情况进行一下比较，就会看到罗杰的书在2018年的销售量大约提高了600%。也就是说，平均而言，通过一次次的销售，六年间，罗杰使公司的收入提高了六倍之多。

你可能说，六年的时间，似乎也没那么了不起，但有两件事特别值得关注：

- 2012年，这个指标在他所在行业中至少排在第95位。
- 这个数字并没有随着时间的推移而改变——实际上在2012年年末／2013年年初跳跃式地提高了，确实如此，并且作为天花板停留在那里。

一个人怎么能做到如此快速的升级，然后还保持这个状态？

罗杰的回答是：那次升级完全是因为清晰化的定位，简单来说，就是明确了目标人群，花时间在目标人群中营销，结果就不同了。这源于在恰当的时间提出了一个合适的问题。

当时我正在参加一个作家的静修会，从《女人的灵魂》（*women's Soul*）系列女性畅销书的作者玛西·西莫夫

（Marci Shimoff）那里得到了出乎意料的指导。玛西的书卖了数百万本，她的演讲影响了数百万人的生活，她是一个了不起的人，与她的交流令我受益匪浅。

我们讨论的话题是“如何吸引你理想的客户”，这恰恰是我最想知道的。当有人直截了当地问我，你的企业的目标客户人群在哪里或者你向谁销售产品时，我当时给出的真实答案是：“任何人都是我的客户。”这是一个可怕的回答，但在当时我就是这么想的，千真万确。任何一个我能接触到的群体——房地产经纪人、保险代理人、注册会计师、教师、母亲、牧师、园艺师、投资者等，我都想和他们达成交易，我感觉到处都是机会。

那天晚上玛西带领我们做了一个小练习：她鼓励我们在睡觉之前问一个问题。她说，这个问题问谁并不重要——上帝、宇宙、自己，都可以。关键在于问题本身和问问题的时机。

我的问题是：我为谁服务？我如何为他们服务？

那天晚上在睡前我问了这个问题，然后就睡着了。如果一醒来答案就出现在我脑海里，我会备受鼓舞的。如果它真的出现了，我就更应该集中注意力，因为那是大脑中最深层的部分在那一刻给你的准确答案。

起初我也感觉这样有些傻乎乎的，但转念一想："管他呢，反正也没什么损失，就这样吧。"结果令我头晕目眩，我并没有带着答案醒来，而是在跑步机上运动30分钟后答案忽然击中了我，从我大脑的最深层发出的一个声音告诉我："嘿，你天生就适合跟这样的人共事：

1. 专业销售人员；

2. 非常热衷于扩大自己业务的人；

3. 但也要有幽默感的人。"

我从自己的潜意识中获得了价值数百万美元的答案，而且合情合理，这一切竟来自一个问题。

你也可以用"问睡前问题"的方法来试着回答几乎所有正在困扰你的那些大问题。"谁是我理想的客户？"这是一个经典的例子。我们的客户问了很多问题，也得到了正确的答案：

- 要开始做什么？
- 该雇用这个人还是那个人？
- 应该选择哪个方向？
- 应该买房吗？
- 我应该达到什么样的成就水平？我想有多大的成就？

其实可以列举更多的问题。在睡前问问题，如果答案冒出来了，不要感到惊讶。

本章回顾

- 无用输入，无用输出：管理你的大脑输入源（内部和外部）是获得你生活中想要的输出的关键。
- 主要输入源有两种选择：要么有意帮助，要么无意懈怠。
- 在一天中 α 脑电波和 θ 脑电波最活跃的时刻规划你的大脑——这是你能获得最大回报的时刻。
- 赢得一天的开始（有一个不错的早晨例行程序），就赢得了一整天。
- 赢得一天的结束（进入正念的温和状态），就赢得了一整晚。

第7章

通过掌控内在声音来掌控大脑

大脑在和你说话

不管你是否相信，你的大脑在和你说话。你和大脑沟通的质量和意图是最具影响力的输入源。在上一章中，我们学习了用于大脑编程的不同输入源，每一个都与你心里的自言自语有关，是你的“内心对话”。不管你是否意识到，和自己对话总在不断地发生。它一直在你的内心影响着你。

幸运的是，内在对话不仅是对我们最有影响力的输入源，而且是最有可能被影响的输入源。它一直在你身上起作用，你所做的改变会立时并长期地重新连接大脑。这是另一个2毫米原理发挥作用的地方，一个小升级可以创造出完全不同的世界。

案例分析：五星保险

我们最喜欢的一个例子是关于威斯康星州五星保险公司（简称五星保险）的团队的。我们见到老板帕蒂・乔・T・奥尔纳（Patti-Jo Toellner）和顶级销售员斯塔西・埃文斯（Staci Evans）：

1. 在服务客户方面做得非常出色（他们一贯如此，并将继续）。

2. 做他们所说的“好工作”——达到目标／经营一个营

利机构。

这听起来很棒吧，但另一面是：

他们快把彼此逼疯了。

他们感觉精疲力竭，身心俱疲，已经临近要住院医治的状态了。尤其在每年的健康保险注册期之后，对于像五星保险这样的保险公司来说，不管是帕蒂·乔还是斯塔西都会告诉你，他们的感觉就像遭遇了火车失事一样，非常忙乱。

3. 由于1和2的结果，不能最大限度地发挥他们的潜力，而不能以他们真正想要的方式获得成长。

当我们开始对他们进行教练时：

1. 他们的时间管理方式需要升级，以避免在六周内与成千上万的客户打交道时的“忙碌”使他们筋疲力尽。两小时解决方案对他们来说就是个奇迹。

2. 他们需要修复彼此的关系，需要经历重要的成长过程。

我们就从他们如何自言自语开始吧。

这一章中我们会详细介绍他们使用的升级方法，别着急，慢慢来。在我们合作一年后，五星保险的情况就大不样了。他们依然在关照客户方面做得很出色（这一点不会改变，也不应该改变），但他们有了完全不同的体验。

- 五星保险的业绩不断飙升，他们不断超越目标，并且取得了有史以来最好的绩效。

- 在每年的注册期，努力学习，但完全没了不堪重负、压力过大的身心疲惫感。他们安然度过了一年中压力最大的这段时间，精力充沛且心满意足。所有的事情变得更简单了。

- 营造很棒的办公室氛围。帕蒂·乔和斯塔西对彼此赞不绝口，对团队关爱有加。团队人员在数量和质量上有了显著增长和提高，他们都在积极为融合企业文化做出努力。

- 他们二人开发了一种令人印象深刻的“金钱磁铁”，即使在什么都没有发生改变的那个时候，这也会不断地创造新的销售数据和收入，每天，金钱都从各处源源不断地流向他们。

这听起来很振奋人心吧，几乎在所有接受过我们教练的客户身上都看到了这样的结果，它来自对“肯定”的刻意强化。

那什么是“肯定”？斯图尔特·斯莫利（Stuart Smalley）所谓的“我很好，我很聪明，人们就是喜欢我”吗？

“肯定”就是简短的句子，用来描述或肯定你想成为、你想做或你想拥有的某些内容。它们通常是以现在时（与将来时对应）和第一人称的形式写成的陈述句（与问句对应），有些人称“肯定”是一种“我是”的陈述方式。

疯子还是销售天才

罗杰：

我在西南公司做新书推广时第一次接触到“自我肯定”这个说法，坦率地讲，我一开始认为这是胡说八道。我在想，这些销售人员、领导者和管理培训人员都是世界顶级的，当他们开始谈论要“大声地说积极的话”时，我感到很诧异。难道公司真的希望我做到：

- 早上醒来时说：“这将是很棒的一天！”
- 一整天高呼：“我感到快乐、健康、棒极了！”
- 无论什么时候，就算出了问题，都要肯定“这很好，很精彩，很棒”。

我认为自己很酷，像个笨蛋一样完全拒绝这样的练习，直到我和唐·迈耶（Don Meyer）相处了一天后，我的想法改变了。唐是我遇到的第一个非常优秀的导师，他也是公司的销售冠军。我花了一天的时间看他怎么工作，这是我一生中最有价值的学习经历。在他的工作中有以下两个要点非常突出。

首先，所有人都从唐那里买产品。那天和我们坐在一起的每个人都成了他的客户，周一这天他卖出的产品比我之前任何一周卖出的总量都多。

其次，他一直自言自语。整整一天，就算在打电话的间隙，他也不停地说着这样的话："我感到好快乐、好舒服，这感觉棒极了。""我状态很好，联系客户，我是最佳销售。""我爱所有人，也爱我的工作。"

我个人最喜欢的一句是："每个人都爱我，每个人都在我这儿买东西，每个人都乐享其中！"

我很认真地在想这到底是什么样疯狂的工作？直到我突然意识到，他对自己说的一切都在我眼前变成了现实，尤其"每个人都在我这儿买东西"那一句。于是，我开始改变了看法。

那一年，唐给了我《当你自言自语时，该说些什么》（*What to Say When You Talk to Yourself*）这本书，它改变了我。这本书写于1981年，它解释了当时刚刚萌芽的神经科学领域的研究结果，以及你对自己说的话是如何重新连接你的大脑，并使那些话成为现实的。我终于接受了这些"积极话语"，你知道，接下来发生了什么吗？

我的收入增加了三倍，这已足够让我彻底转变了。20年过去了，我们开始培训表现最好的销售专业人士和商业领袖，可以说，这是一个精心设计的系统，包含精心制作的“肯定”短语，是我们工作的基础。下面我们来告诉你掌握自言自语的基本方法。

基本前提：你要行动起来

必须再次明确的一点是：大脑一直在和你说话，谈话的质量是决定你的思维聚焦在哪里的主要因素，从而决定你的生活质量。和所有其他输入源一样，你的自言自语也只有两种选择，没有中立选项——要么是积极的、令人振奋的、有益的，要么是消极的、让人精疲力竭的、破坏性的。由于大脑存在默认设置，除非你刻意去做，否则你的自言自语会蒙上消极的底色。

值得开心的是它已经发生了，自言自语无须占用时间。解决这个问题需要你充分利用自己的反应性时机（当事情发生时你自发做出的反应）和主动性时机（按自己的意愿反应）来引导你与自己的谈话。

这两件事肯定会发生

让我们先谈谈反应性时机。有以下两件事肯定每天都发生。

1. 你会醒来

每天早晨，你都醒来……如果你不这么做，这一切将毫无意义。让我们重新审视一下之前可能错过的一个关键策略。

当你睁开眼睛，意识清醒的那一瞬间是你一天中脑电波最多的时刻，这是一天中大脑最适合编程的时刻。那一刻可能悄无声息地过去（对大多数人来说确实如此），或者你可以种下一颗神奇的种子，然后宣布：

“这将是美好的一天。”

听起来很简单，用这句话开始你的一天大约需要1.5秒（实际上我们计时了），但不要搞错了，这1.5秒会让你的大脑完全进入状态，帮助你的潜意识大象一整天都朝着“美好的一天”前进。

能换个说法吗？当然可以，我们的一位顶级教练佩恩·维奥（Penn Vieau）说：“今天我身上会发生一些奇妙的事情。”我们的客户也使用了不同的自我暗示，比如：

- “再次感谢你！”
- 《〈圣经〉诗篇》118：24：“今日是上帝选定的日子，我们在其中要欢喜快乐。”
- “今天是个盛大的日子！”

- “我太幸运了！”

所以，你可以自由地尝试你的晨间谈话。既然你会以这样或那样的方式醒来，那么为什么不在醒来这个过程中掌控你的大脑呢？

2. 你会被问到世界上最常被问到的问题

你好吗？

在任何一种语言中，这个问题都是最常被问到的。想一下，一天中，有多少次你被问到这个问题或者问别人这个问题。5次？10次？你可能一天之中回应这个问题很多次。多数情况下，你的回答是无意识的，充其量是漫不经心的。

很好，你呢？

如果你想掌控你的人脑，请不要错过这个简单的问题。给这个问题一个积极主动的答案。埃德·福尔曼（Ed Foreman）教导我们要用热情而不夸张的语言来回应这个问题。直到今大，我们仍在使用这个答案。我们知道，这听起来并没有多么特别，但确实有效。

当你第一次被问到近况如何时，你的回答是：“棒极了！”你知道会发生什么吗？回答正确，你确实有几秒钟感觉很棒，这触发了连接“感觉很棒”的神经通路。“一次可能不奏效，但每天5次或10次呢？”累积起来，你会感觉真的越来越棒，越来越能坚持。你掌控了自己的大脑，获得了更多的正能量，你让自己在各个方面都更具吸引力，而且完全不费时间和精力。

仅是你改善自言自语的反应性时机就能产生巨大的影响，进行积极的升级可以让真正的奇迹发生。

然后，你可以让一些事情发生

当我们手把手地帮助客户使用积极“肯定”来提升他们自言自语的质量时，他们的变化常常出人意料。在这种情况下，“先发制人”是指你主动去做，激发内在动力，而非仅对他人或状况做出反应。我们帮助客户所做的只是抽出两到五分钟（这就够了）来阅读他们自定义的、手写的、有针对性的那些“肯定”短语，通常一天做两次，偶尔多做一些。

1. 打磨出10～20个“肯定”短语

其中最关键和投入时间最多的部分在于打磨出一系列“肯定”短语。为此，我们花了很多时间来指导客户。做好这件事值得投入时间和金钱，这是非常重要的一部分。我们在这里提供给你需要的东西，各种可能性及组合。请在网络上搜索一下“肯定列表（list of affirmations）”，看看会出现哪些内容，或者，当你自言自语的时候，读一下《当你自言自语时，该说些什么》（*What to Say When You Talk to*

Yourself）这本书，它起决定性作用。

有些肯定内容具有更普遍和广泛的意义，我们称为“基础肯定”。主要包括：

- “我爱人们，也爱我的事业！”
- “每天，无论如何，我的生活越来越好！”这是最初的肯定，由埃米尔·库埃·巴布博士（Dr. Emile Coue）在19世纪提出，是个引人入胜的故事。
- “我总觉得上帝和宇宙在关照我，把事情安排得完美无缺！”

秘诀：你的一些“肯定”内容应该有针对性（指向你想得到结果的特定领域），有时要量化这些结果。例如，客户们喜欢的有针对性的“肯定”（“目标肯定”）内容有：

- “我的业务每年至少优雅而轻松地增长20%。”
- “资金从各个方面涌向我。”
- “我要保持77千克左右的理想体重，要吃好，坚持锻炼。”
- “我是吸金达人。”
- “我很专注，全身心投入所做的一切中。因此，工作效率非常高。”

你一定想要一份包含10～20个“基础肯定”和“目标肯定”内容的清单吧。我们擅长帮助客户制定明确宣言，明晰他们想要的结果。

2. 把它们写出来

下一步就是写下你的10～20个“肯定”短语。不要打字，要手写。写在一张3cm×5cm的记事卡片上最有效。这需要一点时间，但有必要这么做。欲速则慢，在每张卡片上手写一个“肯定”短语，这样就有了一堆可以抽取的卡片了。

3. 随身携带

现在你有了一堆写满“肯定”短语的卡片，请随身携带它们。当你空闲时，把它掏出来，即使你从来没这样做过，随身携带这些卡片仍然有价值。最糟糕的状况是，你随身带着一个提醒，告诉你想要什么，为什么你想要它，它就像个坚定的小伙伴伴你出行。

4. 每天早晚留出几分钟

最后一个具体操作是，每天有意识地做几次让自我肯定之词浸润你的大脑的行为。其实很简单，拿出卡片，将“肯定”短语一个个地读给自己听。请不要浪费时间，即使慢慢地读，每张读两遍，读10～20张卡片也只需要两到三分钟。每天做两次，一次在清晨，一次在晚上放松的时候（还记得脑电波时段吗）。

就是这样！你可以试着像你想的那样富有创造力，但创造力不是必需的。默读短语，大声读出来，直接说出来，可以用不怎么动听的声音，也可以用亮闪闪的东西装饰你的短语，更可以让它们简单明了，还可以在中午的时候读一下短语（其实很有帮助），但这些都无关紧要，我们建议你在两小时解决方案中加入你的抽卡阅读环节，但这不是必须做的。

通过运用这四个步骤，即使在最基本的状态下，你也会在几天内注意到你的能量和信心提升了。如果你连续几周坚持阅读，就会养成一个新的、非常有效的习惯。如果你连续90天不断地练习自我肯定（尤其在教练的指导下），你就会以一种真正改变你的方式掌控你的大脑，重塑心智。

尽情享受吧。

本章回顾

- 你的“自言自语”——不断与自己内心进行的对话——是你大脑最具影响力的终极输入源。
- 你有能力、有责任去影响这个影响者。
- 你可以积极主动地影响你的自言自语，只需要用很少的时间。
- 我们教客户用来提升自言自语质量的整合流程可以提升他们的效率。

第8章

用有趣的清晰力量来掌控大脑

坦白说，亲爱的，我根本不在乎！

——瑞德·巴特勒（Rhett Butler），《飘》（*Gone With the Wind*）

你应该从第2章中了解到，大脑从你想要什么以及为什么想要这些东西中受益最多。在这一章中，你将学习如何让自己变得清晰起来。

不在乎的力量

几年前我们参加过一个金融顾问的销售培训会议，谈到了如何与客户沟通所谓的“差异因素”（“differentiator”）。记得当时房间里大约70%的人都是男性，大家对这个问题的回答也很类似。例如，“我喜欢帮助别人”“我会关照我的客户”或“我会倾听”等。随后，唐说了一句话：“哦，这很简单。我可以不在乎。”

随后的三个月里，我们就“不在乎”这个概念进行了无数次交谈，获得的一致看法是：那些最放松、快乐和富有成效的人基本上都“不在乎”无关紧要的事情。

其实，他们都承认在生活中，仍然有许多需要关心、关注或负责的事情。但是请注意，他们“不在乎”的事情中，没有直接影响全局的（见图8.1）。换句话说，它们对自己需要的东西很清晰。

图 8.1 “不在乎”的状态让你越来越清晰

大象喜欢清晰的画面

多年来，很多客户都表示，接受教练训练的最大收获是他们获得了大量的清晰画面，明确了信仰和价值主张，什么对他们重要，他们在做什么以及什么时候做。他们所做的每件事，以及决策流程都很清晰。人们总是困惑于在画面变得清晰之前要优先考虑很多事情，但随后这些事情就很少出现了。

就像我们在第2章中了解到的，人们的潜意识大象需要清晰画面，以明确前进的方向是你想要的。你想要什么以及为什么想要是有一个清晰的画面的，明确这一点是让大脑为你工作而不是与你作对的最重要因素。让你的大象说：“好吧，让我帮你拿到。”同时，让你的蚂蚁不碍事，这样你的潜意识大象就可以不受干扰地工作了。如果能让你有意识的想法和信仰靠边站是实现这一目标的第一步，那么利用“不在乎的力量”就像你屈膝抬腿一样，是迈出的第一步。

“不在乎的力量”为你做了几件事：它帮助你远离生活中的情绪过山车，让你花更少的时间思考和担心，从而把精力放在不受困扰的事情上。你的思想便得到了解放，就能把注意力集中在你真正关心的事情上了。那些你固有的思维模式或消极思想产生的障碍减少了之后，你就能以更清晰、更少顾虑、更少怀疑的状态来处理问题了，也就能以更大的信心来回答问题，以更多的精力来面对各种情况了。

不要被负能量带走

在完成预想结果和获得成功的道路上，最大的障碍是各种直接和间接负面影响的过载状态。在第3章中我们讨论过，大脑的一个不令人乐观的默认设置是会聚焦并倾向于消极信息。也就是说，当大脑看到或听到任何负面信息时，它会瞬间做出反应并积累这些信息。在这种状况下，必须慢下来，关注正在发生的事情，区分这些事情对你而言是积极的还是消极的。你是愿意跟风做些远离目标 / 愿景还是更接近目标 / 愿景事情呢？了解大脑的实际状况并顺势而为是不是更易于帮助我们实现目标？看起来需要考虑的很多，但我保证，大脑三秒钟就可以执行，而这三秒钟是你这一天中最重要的三秒钟。

对于“不在乎”状态我们经常忽视的一个优势是，它常帮助我们过滤掉生活中的负面影响。你有没有注意到，喜欢抱怨的人一直在寻找可以与他们分享抱怨的人。我想说的是，如果在生活中我们留心去听听周围人在说些什么，你马上就能感受到有多少人通过这样的方式将你拖入他们的困境。我把这样的人叫作“能量消解器”。尽管这些抱怨者竭尽所能想将你拖入他们的阵营，但只要你不认同他们的抱怨就会立刻让他们退避三舍。通过练习，我们会帮你营造一个能量场，有效避开这些人。

你可能觉得这样做事有些刻薄，在你心目中能理解别人，富有同情心，帮助别人才是对的。这当然很好，但要知道，“不在乎”别人的问题也是可以帮助别人的。我们来看看这是怎么回事。假如一个朋友找你来寻求建议（一般就是向你倾诉），在你看来，这真是个无关紧要的问题，你像往常一样，坐在那里倾听，说着“我能理解你的感受”，这通“抱怨”通常会持续7～8分钟（平均来看）。当这段稍显冗长的倾诉结束时，你们做到了什么？什么都没有，你也没有提供任何有用的帮助。也许这时，你让对方停下来，重新审视目前困扰他的那个问题，给他提供展望其他可能性的机会，对他而言更有成效。这类似于很多赌徒都确信只要再让他赌一次他就能赢一样，爱抱怨的人觉得多一个人倾诉他们就能解决问题。事实并非如此。而且，尽早结束这样的倾诉还能让你有大概7分钟的时间提供有价值的帮助。请记住如下建议，如果你不能令对方停下来，那可以试试这样说，“好吧，这确实是看待这个问题的一个视角”，随后把话题转移。

减少“负担的关注”

我们怎么能具有“不在乎”的状态呢?

- 从阅读本章内容开始，你会发现我们需要做的第一件事是要非常清楚什么对你来说是重要的。一开始我们就说过，那些成功的人不会对无关紧要的事情有执念。为了搞清楚哪些因素会影响你达成心中的愿景，你首先要明确愿景。请从你的核心价值观开始，随后目标和愿景就会涌现。什么意思呢？通过不断审视你的核心价值观、目的、愿景和目标开始你的一天，每天都要这样做。以一种“喂养大象”、引领它朝着正确方向移动的方式来重塑心智，这是最快速、简单和易于操作的方法。毕竟，让一头在执行任务的大象改变方向或停下来需要大量的努力。就像惯性原理：运动中的物体保持运动状态，静止的物体保持静止……除非物体受到外力作用才会发生变化。这时，内在的思想就像外在影响力一样，运用它让你的大象动起来，听你指挥，朝着目标前进。此时，如果你的核心价值观、目的、愿景和目标还不明晰，那就开始这样做吧。如果明确了这些你会轻松很多。

- 问问自己："就现在，还有什么比这更重要的吗？"机会或各种干扰时时存在，如果你确实想出了一件更愿意做的事情，或者比你目前做的更重要的事情，那么不要犹豫，停下来转向你真正想做的事情吧。
- 只和能激励你的人和事打交道。当你有更多时间与"能量充电器"而不是"能量消解器"类型的人在一起时，很多新的行为习惯就会出现。这些新习惯让你不想再为那些负能量的人或事所影响和左右。试着去关注你所在乎的人和事，你就会"不在乎"任何其他事情。这个过程会让你很快获得动力。

假以时日，通过实践，不在乎的力量会帮助你重塑心智，将消耗你时间和精力的人和事从生活中移除。但请记住，这不是说要我们做一个笨蛋，成为一个不管不顾、自以为是的浑蛋。慢下来，让我们也能接受那些还没有学会如何使用这种能力的人们。

太________

罗柏：

几年前，我每周都会和一位同事有一个电话会议，其间发生了一个有趣的转变。通常我们在电话中谈论目标和任务，机会和挑战，胜利和失败等。一次话题转到当我们在平常生活中说到某人或某事“太_____”的句型时，可能意味着，你太忙而不能做这样那样的事，太沮丧而不能出门，太缺钱而无法订机票，太不感兴趣而不接电话，太累而不能在早上锻炼等，或者只是太忙了。

我在想，生活中有多少次你问别人最近过得怎么样。对方开口说的第一句话就是“好忙啊”，人们似乎已经开始相信忙碌是生活的新常态了。

人们躲在忙碌中，当想做的事情没有完成时，忙碌是很好的借口。忙碌阻碍成功，阻碍人们做出正确的决定，还耗神。忙碌还带来更多的忙碌，使人陷入压力、紧张和不快乐的恶性循环中。

但如果我们能让忙碌服务于我们，把忙碌变成好事呢？

我恍然大悟，忙碌还有不为我们所知的另一面。

我们可以编出一长串的理由，然后问一句："你是不是因为太忙而无法相信这些胡扯呢？"

除了沉默，我们还能做什么？

你喜欢这个问题吗？我的一个核心价值观是视角，我总在寻找看待事物的不同视角。我经常问自己："你为什么这么______？"这除了是我一天最开始问的问题，也是当我分心或内心不明确时回到正轨第二有效的方法。当你很容易找借口逃避时，这个问题能让你坚持下去。

有很多这样的故事，而且人们往往停留在表面。他们错过的是发现"空白"的另一面。

- 如果我太忙，都没时间追债怎么办？（有趣的是，每次我不再打电话，他们就会还钱。）
- 如果我太忙而没有时间倾听借口呢？（我越快挂断电话，就能越快地与下一位潜在客户交谈。）
- 如果我太成功了，以至于不用去考虑成功意味着什么。（只要你快乐，谁在乎呢。）

"太忙而不能"的说法不断涌现。从潜在客户、同事、家人，有时甚至从自己那里都能听到！大脑很自然地关注消极信息，而且很容易在"过于紧张"的状态下放松。下次你发现自己找了一个借口，请想想如果这个借口永远不会出现，你会为此付出什么代价。除此之外，我们还有一些很有趣的想法分享给你：

- 忙得没时间吃太多。
- 过于关注大局而忽略了前进道路上的小坎坷。
- 过于追求卓越，以至于不能在闹铃响之前离开银行。
- 太专注于家庭而没有时间查收邮件。
- 太准时了，错过了最后一个电话。
- 太专注于写书而没有打开过电视。

给“为什么‘太_____’”这个问题的回答做个列表吧。日常生活中你正面临哪些挑战呢？太忙了？太捉襟见肘？太囊中羞涩？压力太大？太胖？太懒惰？现在，你能确定是什么阻碍了你做你想做的事情吗？然后，试着关注相反的情况。这就是忙碌的另一面。下面也是一个例子。

我们公司有一个预订代理人（为潜在客户做大量初始服务的人）很担心会“打搅”到试图与我们合作的企业管理合伙人。在与这些人就工作进行内部交流时，她不敢连续超过四次跟进谈话，也不敢直接跟对方联系希望他们与我们电话沟通。结果就是，她的工作绩效直线下降（还有她的薪酬）。

经过几次一对一的交谈，她逐渐意识到，这些潜在客户实际上为那些喋喋不休、浪费时间试图“推销”自己的人所困扰着，她错过了大把机会。认识到这一点后，她告诉自己不要怕打扰他们而要专注于提高效率。随后，由于她的视角变了，语气就变了，对话也变了，结果就变了，她的收入也变了。唯一没有改变的是她打电话给客户时所使用的那些话术。她所做的就是决定要致力于什么，以及如何最好地向这些“忙碌”的人们提供信息。

最终的结果就是，由于太注重效率了以至于害怕听到“不”字。

明确你追求的是什么及它对你的重要性，这是过上有效、简单且能掌控大脑的生活的第一步。第二步是明确你在做什么，什么时候做。这个问题将引领我们进入下一章。

本章回顾

- 放弃“太在乎”。
- 明晰对你重要的事情并保持专注。
- 学会如何做得太 ______。

第9章

两小时解决方案：掌控你的这一周

如果你不掌控你的一周，你的一周就会掌控你……这一点儿都不好玩。

——罗柏·齐比尔斯基（Robb Zbierski），畅销书作家

忙碌 Vs. 高效

当我遇到奥布里（Aubrey）时，她是个肩负使命的忙碌女性。几年前，她从那位给她第一份保险工作的先生那里接手了一家独立的保险代理机构。她从原来的行政助理逐渐发展成为雇用她的经纪人管理公司的高管。当那位先生临近退休时，像所有精明的商人一样，他决定把整个公司交给她，这样她就能继续发展业务了。

奥布里也是她所在行业协会的一名非常活跃的成员，每个月都要参加地方和州的会议。她的工作囊括了内部领导力培训项目，还要负责招聘、销售和向参加该项目的同龄人提供为期一年的课程。

就好像她的工作还不够忙似的，奥布里还（现在仍然）热衷于编织，并通过她的Etsy商店销售一些小编织件。她还参与了社区协会的领导工作，担任董事会职务，并主持了一年一度的艺术节和节日募捐活动。噢，还有，我有没有提过她刚拿到跆拳道黑带，在道场帮忙教课，在那里她不仅持续地训练自己，还帮助训练其他人。她确实还有一些事情要做，但最重要的是发展和维持她的保险业务。

当奥布里接手全部业务时，首先接手的是六个装满了几十年客户文件的大型落地文件柜。老客户、新客户、现有客户都在其中，但很多人已经不再是服务对象了，还有一些人过世了。她很确信如果每天花一小时去拜访和跟踪这些新老客户，她就能赚到足够的钱来实现她的收入目标。

虽然有很多外部因素（一些还对她不利），但仍有一个有利的重要内部因素，那就是通过她的领导力培训工作，她开始清晰地认识到对她来说重要的事情。她花时间去反思她是谁，代表什么，想要实现什么。事实证明，这是她带给我们的最有价值的东西之一。

经过几周的基础培训和课程，现在是时候了解并制定两小时解决方案了。事情也开始变得有趣了。

对大脑有益的时间管理方案：两小时解决方案

两小时解决方案被证明是非常有效的时间管理的七个步骤，其实就是你自己的每周例会，目的是再次确认你认为最重要的事情，回顾你的愿景和各种目标，并且做好一到两周的时间规划，以帮助你实现目标和愿景。可能你已经想好了，但还应该花大约两个小时来关注这个会议，这段时间不是你创建任务列表的时候，而应该明确自己想要完成什么，为此进行一周的时间安排，并不断推演如何度过每一天来最终达到你想要的结果。简而言之，目的是让你掌控生活，而不是让生活掌控你。这七个步骤，按优先次序排列如下。

第一步：花时间重新连接你的核心价值观、愿景和目标

你想要怎样的生活，在各种状况下该如何自处，就像你已经做过很多次这样的行为一样，试着感受一下当你确认了一些关键部分时的那种兴奋感。为什么这是第一步呢？如果没有明确的目标，这一周做什么都不重要了，讨论什么也就无关紧要了。如果你不能确认要去的地方在哪儿，你就不会以最快、最直接、最简单的任何方式去实现它。对和我们一起共事的很多人来说，这一步就花了两小时中的30～40分钟。想象一位获奖的拳击手在音乐和烟火中昂首阔步，振作起来，花点时间让自己活力满满，通过想象你正在追逐的生活来开始新的一周！让你的办公室也充盈着满满的积极氛围。

复习总有帮助

丹通过学习这些课程获取了对他而言最重要的、令其难以置信的一些知识，并且在他的个人生活中，将如何利用自己的专业技能造福丁他人进行了很好的实践。

在教练过程结束后，丹开始尝试，很快他就在公司里

获得了升职，这可是他努力了三年想要的结果。然而，他很快意识到，薪水和头衔越高，责任就越大，工作就越多。在经历了令人有些沮丧的一天后，丹突然打电话给我们说了句谢谢。当我问他为什么他觉得有必要在这么繁忙的一天中还要抽出时间打电话告诉我们这些时，他的回答简单而有启发：

> “你让我每天每周都回顾所有这些重要的事情，如核心价值观、愿景和目标。这些深深地烙在了我的脑海里。在这个新的角色中，我面临各种挑战、决定和情境。有时候这真是一件苦差事，说实话，很多时候我都在考虑辞职或者回到以前的状态。但我还是努力寻找我的愿景蓝图，花几分钟重新连接它和所有对我重要的东西。每当我明确了这些并想着实现它们的时候，我变得肃然起敬，立刻就有了强大的动力。”
>
> 不错，丹，真的很棒。

第二步：制定承诺日程表

有些事情永远不会从日程表上漏掉。例如，周六结婚，这是一种承诺吧；周三做剖宫产手术，不管发生什么，让我们把这段时间留给自己吧；周四带孩子去动物园也属于一种承诺。好消息是，大多数人都会用某种形式进行日程安排，通常他们把要做的事情写在日历上，可能因为每个人都希望自己是一个有行为能力的、负责任的和合群的社会人吧。认真考虑一件事情是否真的被列入日程表，或者考虑是否有一些更重要的事情要在这段时间内完成很重要。通过不断重复，我们想让你在如何度过一周的问题上从被动转变为主动。

第三步：合理安排时间

那些让你变得更好、更强、更聪明和更快的活动，你喜欢把它们写在日程表上吗？就像你正在学习的系列课程，你计划什么时候完成它？你要参加哪些会议或研讨会？其他属于“最佳时间”范畴的一些事情还包括阅读、收听音频节目、观看训练或励志类教育视频、冥想、跑步、骑自行车、举重、做瑜伽等。就像我说的，这些活动的直接结果就是让你成为更好的自己。很多人还在问为什么“早上出去散步”要写在日程表上或为什么要把“工作事项”写在日程表上。有两个原因，首先，这些活动如果没有安排好，一旦有其他事情发生，它们就很容易被忽略。

罗柏：

比如，在家工作时我可以自由地在午餐时间骑自行车，去任何想去的地方。但我身上的机会主义者DNA希望做尽可能多的工作，而我的午餐时间并非为潜在客户们安排的。除非我的日程表上有骑行安排，否则很容易被电话或邮件取代，骑行会一拖再拖，甚至没有了。

其次，这些事情让你变得更好，为了让你处于领先地位，完成它们是很有必要的。就像每次乘坐飞机，当氧气面罩从天花板上自动掉下时，在帮助他人之前，应该先戴好自己的氧气面罩。你知道为什么每次都这样提醒吗？因为人们喜欢帮助别人，不遗余力地帮助别人。但如果你发生意外，你就不能帮助别人了。你需要氧气才能提供帮助。最佳时间就是戴好你个人的氧气面罩。

第四步：安排你的“绿色时间”

“绿色时间”就是能让你直接赚钱的那些时候。比如财务顾问参加客户会议的时候，口腔外科医生计划进行手术的时候，房地产经纪人开始写报价的时候，或者抵押贷款机构遇见潜在客户的时候。你还是不明白绿色时间指的是什么吗？就是你工作描述中列出的任何事情（除了“其他分配的任务”——那只是人力资源的补充）。

两小时解决方案帮助我们的大多数客户在业务和生活中从被动的方式过渡到了主动的方式。为了有额外的收获，请设定你参加绿色时间会议的目标。发挥你的想象力，看看你想要完成什么。当你做完后，看看你的客户或病人脸上的反应吧。

感谢绿色时间，让我们从被动变成了主动

一位与我们一起工作的人寿保险代理人无法做到根据客户的时间来确定具体的沟通时间。用她的话来说："我希望当我的客户有空时，我也恰好有空。我不想让客户觉得我着急完成这一单销售。"现实是，她花在老客户上的时间比花在寻找新客户上的时间还要多。

在经历了几个月的沮丧之后，她终于接受了每周两次安排特定绿色时间段的想法。在两次预约沟通之间的任何沟通都会被转移到下一次进行后续跟进。如果下个时间段客户没有时间，他就将被移到再下个时间段。这改变了什么？她不再是别人日程表的奴隶。她决定告诉人们她什么时候才有空跟进，这样更有效，她可以专门安排一些时间发展新客户。

因此，她有更多的时间去寻找和开拓新的业务。除此之外，她的客户真的很欣赏她在日程管理上的一致性。

第五步：安排你的"红色时间"

"红色时间"指的是为了拥有"绿色时间"而积极主动地完成任务的那些时间。然而这时，不会有人直接把钱放进你的口袋。红色时间包括（但不限于）：提交申请，收集信息或组织客户会议、团队或员工会议，开车去约定地点，回一趟家， 为客户的演讲做准备，去学校接孩子等。注意到它

们的共同点了吗？只有搞定所有这些事情，你才能将时间最大限度地留给绿色时间。事实上，如果你的日程表上没有这些时间和活动，你可能很快会失业，因为你把所有的时间和精力都花在补救任务上了。就像仓鼠转轮，整天不停地工作，总觉得自己有熬出头的那一天。这些时间就是红色时间。

第六步：安排或注意你的弹性时间

一旦你有了日程安排，确定了最佳时间、绿色时间和红色时间，你就要开始关注你的日程表上留出来的那些空白时间了，这就是弹性时间。弹性时间允许你使用以下语句来提高生产力：

“想要……现在不行。”

生活中是否曾经出现过这样的状况，有客户或某个人需要你的帮助，而且马上就需要，希望你放下手头正在做的事情马上帮助他们。

这时候，“想要……现在不行”就派上了用场。与其让你处于时间管理失衡的状态，不如试着用这个突破一下。当你有弹性时间帮助处理类似的事情时，你再使用它。就是这样，你告诉某人“想要……现在不行，但我可以在今天下午两点提供帮助”。只有两种结果，他要么下午两点回来，要么自己解决，这就给了你更多的时间。或者，如果老板过来对你说："嘿，我需要这个，现在就要。"弹性时间允许你把你在那一刻所做的工作调整到当天晚些时候或本周的其他弹性时间，这样你就能完成。

这是不是很美好?

按分钟付费：一个说"不"的案例

下面是我最喜欢的一个例子（对于一些人来说有些极端，请听我说）。詹姆斯是这个国家最杰出的牙周病医生之一，也是行业领军人物，其他牙周病医生会效仿他的做法，努力像他那样成功，并找他做牙周治疗。几年前，我和詹姆斯及几个朋友一起聊天时，谈到了可用性的话题。他告诉我：

> "我的团队很看重薪酬。我们有一个大家都认同的奖金体系，所有的奖励都与我在手术室的能力及我们给病人实施的操作流程有关。我经常被邀请去演讲和旅行，我有一个很喜欢的家庭。所以我在办公室的时间非常有限，而且非常宝贵。我做了计算，发现当我在做赚钱的活动时（在手术室里，进行病人咨询、跟进等），我的时薪是1 600美元。我的团队知道，如果我做得好，他们也会做得好。当他们能处理的事情越来越多时，整个团队就变得越来越好。但你必须让他们明白犯错是可以被

接纳的。

我的团队非常希望确保我们能够持续盈利，但他们经常向我提出问题，或者就某些事情征求我的意见。不用说，这占用了我赚钱的时间。因此，我授权他们自己做决定，并宣布‘如果你有一个问题或想法价值每小时1 600美元以上，来找我，我很乐意帮忙。但是，如果你的问题或想法不值每小时1 600美元，你自己去想办法解决，当它至少值每小时1 600美元的时候，再来找我吧’。”

我向全国各地的很多团队分享过这个故事，它击中了团队工作的要害，说明了珍惜时间的重要性。所以你可以想象几个月后和詹姆斯共进晚餐时我的惊讶之情，我感谢他分享了这个故事和方法，他回答说：

“哦，是的……但我们不再这样做了。”

“什么？为什么？发生了什么事？”

“我现在每分钟价值27美元。有太多的人停下来打断我的思路，他们的问题一开始是‘医生，我只需要您给我一点儿时间……’所以我把价格细分，告诉我的员工‘如果你有任何问题或想法价值每分钟超过27美元，一定和我联系，我很乐意帮忙。但是，如果你的问题或想法每分钟不值27美元，你自己解决。每分钟至少值27美元的时候再来找我’。

“我现在的规则是，如果你的决定可能毁掉一段转诊关系，给你或病人带来身体伤害，或者让办公室损失700多美元，你来找我。”

我被这个更新逗乐了，直到我问了一个后续问题：“这对你和你的员工有什么用？”

詹姆斯毫不犹豫地说：“罗柏，这一年我们创造了新的纪录，我能够比以往任何时候给我的团队成员奖励更多。每一块钱都是他们赚来的。”

这令我肃然起敬。

第七步：安排好休闲时间

这段时间你会全身心地投入休息或充电，可能是约会之夜、电影之夜，做手工，在院子里或花园里干活，这些活动给你带来快乐和重生。是的，如果这是你喜欢的，这甚至可以是一个“泡沫电视剧”之夜。

当你在做日程表时，最重要的事情是花点时间为这些活动设定目标，这是成功的秘诀。想象一下这样的场景：潜在客户签署了协议，或者病人露出了久违的微笑，你的孩子在你突然带他去吃午饭后给了你一个大大的拥抱。为了真正“喂饱你的大象”，你需要花时间创建你将要采取的行动和想要实现的目标的清晰的愿景蓝图。

案例研究：将沮丧时间转换为绿色时间

罗柏：

搬到伊利诺伊州后不久，我们就觉得很无聊。那是一月中旬（一年中最令人沮丧的一周），我们闷了好几个月了。我的体重在冬天增加了很多，室内训练显然不适合我，又不能在室外骑车，但我需要做点什么。我总是喜欢修理和调校自行车，这是我的爱好。每当休息的时候，我常常在车间里摆弄自行车。我所有的自行车都已经按序号摆放好了，我想为我住的社区提供服务。我家附近有4所学校、3个公共游泳池和2家杂货店。这是父母的理想之地。

最近的自行车店至少有10～15分钟的车程，那为何不在我的车库里给社区居民提供自行车修理和服务呢？毕竟，人们喜欢帮助邻居，对吧？为了脱颖而出，我决定让人们用啤酒来抵销服务成本。因此，“啤酒换齿轮”（Beers for Gears）诞生了。为了让人们知道我在做生意，我创建了一个克雷格网站（Craigslist）的广告和一个脸书（Facebook）页面。

我谨慎、乐观地认为这是个好主意，而且肯定受欢迎，但我也不想每时每刻都受别人的“指使”。为了实现我的想法，借助一个与谷歌日历绑定的日程安排程序（www.

timetrade.com），我便可以按照适合自己的日程进行安排了。这让我可以在一周的特定日期和时间内安排一个小时的预约，更开心的是，这些预约只在我的谷歌日程表上没有标记为“忙”的时间里出现。

几年来，我一直在练习使用两小时解决方案，我可以注意到我有空的某些特定日期和时间，比如星期五下午3点之后和星期日下午2点之后。孩子们每天晚上7点上床睡觉，这给我留出至少2个小时的开放时间。因此，在白天的空闲时间和每晚7点之后的开放时间之间，我有大约15小时的“空闲时间”，在这段时间没有必要的事情要做，这就是15个小时的“啤酒换齿轮”时间。

日程表做好了。每个工作日晚上2个小时，周末下午几个小时和晚上几个小时，当我不做其他安排的时候，如旅行、工作演讲、棒球比赛、舞蹈演出，或者与我太太约会，就可以预约修车服务了。

六星期后，太太问我在这个生意上是否赚钱了，我说：“有几百美元吧，不太多。”她回答：“很好，去买个冰箱吧，冰箱里没地方放食物了，里面全是啤酒。”时至今日，我只想说，邻居们现在很喜欢“消耗库存之夜”，就像他们很喜欢有地方可以维修自行车一样。

但是我们不会被钱和酒牵着走。真正的收获是我知道如何掌握我的日程和休息时间。如果我没有坚持不懈地把两小时解决方案付诸实践，永远也做不到这一点。

把它们专业地组合在一起

再回到之前说到的奥布里女士，看看她是如何把这一切组合在一起发挥作用的。

首先，奥布里再次确认了目标：一个是增加收入的目标，另一个是减少债务的目标（仔细想想，这两个目标是紧密联系在一起的）。一开始我就注意到她没有搞清楚自己想花时间和自己真正需要花时间的地方的区别，我要看看她是否也注意到了这一点。然而，直到大约三周后，她带着些许恼怒和启发参加我们的电话会议时才意识到了这一点。

“罗柏，我每天都尽力花一个小时浏览这些文件，但我觉得不太奏效。”

“为什么呢？”

“嗯，尽管通过浏览这些来寻找机会是很重要的，但是我觉得我把所有最好的时间和精力都用在了红色时间的事件上，当我完成这些的时候，并没有把钱‘挣’进口袋。我的客户早上有时间，应该去见客户，可我把宝贵的时间放在了做完这些事情上，而没有安排与客户的会议。”

她终于明白了。

从那一刻开始，我们才真正帮她搞清楚绿色时间的事情对她来说价值有多大，比她红色时间做的事情的价值大得多。随后我们讨论了她要花多少时间做红色时间的那些事情，以确保她不浪费绿色时间。答案是每周一小时。你知道她是怎么做到的吗？她每周四会早上班一会儿，花15分钟做这些事情。你可能认为，在一天真正开始工作之前就需要先完成日程表上那一部分红色时间的事情真的有点令人沮丧，但是，当你知道只需要花15分钟在“苦差事”上你就可以有钱进账时，你转瞬就会开心起来。

准备好了吗？放慢节奏，整合交叉式地处理这些文件和销售工作（15分钟的专注替代一小时的延宕）。奥布里学会了优先处理最赚钱的事情。请注意，她没有放弃任何项目，只是改变了优先顺序，为自己想要在这段时间里完成的事情设定了明确目标。她考虑了需要什么样的推广和后续行动才能与这些潜在客户达成销售。然后当她投入合适的精力和心态来确保完成一个富有成效的会议时，便可以在一天中的早些时候留出空余时间。

几个月来，我们不断在她的两小时解决方案上进行打磨。虽然有些单调，但绝对值得。年底时，奥布里取得了傲人成就：

- 打破了个人收入纪录。
- 远远超过她的收入目标。
- 还清了抵押贷款。
- 在六周时间内撰写的商业文章比她的同龄人全年写的还要多。
- 六年来第一次休假两周。
- 成为健身房的榜样人物。
- 创造了三件可以在线销售的新艺术品。

这一年是不是很精彩？

提升两小时解决方案的技巧

清楚地知道最好的时间和精力花在哪里是两小时解决方案奏效的关键。这里给出一些技巧帮助你最大成效地运用两小时解决方案。

- 自私一些。

把自己与同事、客户、家人和其他干扰事物分开。关掉手机，全身心投入自己的事情。记住，在帮助别人之前先帮助自己。把那个“氧气面罩”戴好、戴紧！

- 重新连接，不仅是阅读。

当回顾对你来说最重要的事情时，很容易出现的状况是走过场。因此，要确保你花了足够的时间来重新连接那些重要事项。请在心里记住当你花心思列清单时的愉悦感，想象自己过着想要的生活和工作，开着心爱的车，和最亲密的朋友们在温馨的家里聊天。

- 接受失败。

布莱恩·特雷西说过：“任何值得做的事，在开始的时候未必做得好。”对每位客户来说，两小时解决方案都值得做，但要做好需要不断练习，就像骑自行车或打高尔夫球一样，要想做好，唯一的方法就是练习。把两小时解决方案融入你的生活，最重要的部分就是要搞清楚为什么它对你不起作用。通常，人们的习惯使其墨守成规。“两小时解决方案”将这些习惯记录下来，呈现给你，你就可以了解哪些起作用哪些不起作用了。奥布里意识到，每天花一个小时来确认各种销售绩效占用了她太多时间，但如果没有经历过执行一个糟糕计划的过程，她可能永远都搞不清楚列日程表对她有什么用。

- 请记住这个灵活的备忘录。

生活多数时候很“可爱”，但也有能力搞砸任何计划。虽然这周你的计划有条有理，但尽如你意地进行并非易事，那么就让“你知道是什么”（you-know-what）发挥作用吧。请注意日程表上可移动的那些位置，这样你就可以先解决优先事项，同时仍可以完成需要完成的那些事情。

- 善待自己。

如果事情在10～20分钟就能解决，那就太好了。但不要让它成为一种习惯，如果一个绿色时间的电话打了很长时间，占用了红色时间，你就不必自责了。

- 安排好碎片化时间。

研究表明，90分钟是大脑开始走神之前能保持积极参与和关注的最长时间。利用好这一点，为绿色时间、红色时间和弹性时间划出90分钟的时间块。

- 确保绿色时间和红色时间。

你的大脑无法区分活动和效率。很多时候，当你应该做绿色时间的事情时，你却很容易在红色时间项目上陷入困境，因为你的活动让你错误地认为自己很有效率。你有需要完成的事务性工作吗？雇用一个信任的人来做每小时27美元的工作，这样你就可以专注于每小时1 600美元的工作了。

- 知道自己什么时候处于最佳状态。

大多数人在早上精力最充沛，也就是说，已有客户、潜在客户或病人在早上更可能处于最佳状态。这意味着你可以试着在早上安排尽可能多的绿色时间活动。一般规律是，大额支票总是在上午10点之前开出。

罗柏：我有个客户，她在下午3：30的时候最有精力。猜猜看，她的日程表中，哪部分是她的绿色时间？没错，就是3：30～5：00。

- 运用沉浸感。

这通常会在“目标设定”对话中被讨论，但记住要把你的目标尽可能地融入生活的方方面面。确保做到这一点的好办法是在两小时解决方案中运用它。假设销售目标与数字40有关，那就阅读40分钟，锻炼40分钟，在锻炼中做40个俯卧撑或40个仰卧起坐，或者在跑步机上以每小时4英里（1英里≈1.6千米）的速度跑步（就是快步走）或者做40个瑜伽姿势，每次保持40秒，之后喝40盎司（1盎司≈31克）的水，每周做4

次冥想，每次40分钟，承诺打40个电话，或回复40封电子邮件。你明白了吗？

- DB6（Daily Big Six）的时间块（Time Blocks）。

  挤时间做事情是一回事，但在这些时间段具体要做什么又是另一回事。请按重要程度列出要完成的4~6件最重要的事情的清单，并且按顺序去做。开始做第一件事，直到完成后，再做第二件事。也就是说，只有你完成了第一件事，才可以做第二件事，以此类推。这不是我创造的概念，它已经被描述和解释几十年了。[1]

让流程更完美

这个过程和这些“重要提示”一直是我们的客户用来管理“四处游荡的大脑”的头号工具。请记住，一切始于一个明确的目标，并要努力达成目标，没有目标，大脑很容易就无所事事了。使用此过程可以避免柴郡猫场景（The Cheshire Cat Scenario）。

柴郡猫是英国作家刘易斯·卡罗尔（Lewis Carroll,

---

1 有关DB6的更详细介绍，包括对其45万美元的估值，可以谷歌搜索“查尔斯·施瓦布·艾薇·李（Charles Schwab Ivy Lee）每日六大（Daily Big Six）”。

1832—1898）创作的童话《爱丽丝漫游奇境记》（*Alice's Adventure in Wonderland*）中的虚构角色，形象是一只咧着嘴笑的猫，拥有能凭空出现或消失的能力，甚至在它消失以后，它的笑容还挂在半空中。它的特点是总带着平静、诱人的微笑来掩盖自己胆怯的个性。遵循这个经过验证的流程，并且考虑上面提供的九个提示技巧，几周后，你就可以掌控你的生活，而不是让你的生活掌控你了。

本章回顾

- 了解忙碌和高效之间的区别。
- 使用工具让你从被动转为主动。
- 珍惜你的时间（比你现在做的多得多）。
- 在开始行动之前知道自己想去哪儿。

第10章

掌握说“不”的艺术来掌控大脑

善良是伟大的敌人。

——吉姆·柯林斯（Jim Collins），《从优秀到卓越》（*Good to Great*）的作者

找到你最大的弱点……并跨越它。

——丹·布勒斯（Dan Burrus），全球未来学家、作家和演说家

最浪费时间的就是做好根本不需要做的事。

——罗杰·赛普（Roger Seip），超级天才

我们在一定程度上已经被“是”这个模式框住了。从小时候起，我们就被鼓励、养育、哄骗甚至被操纵着说“是的”“好的”。

“是的，老师，我要做黑板上的那道数学题。”

“好的，爸爸，我去倒垃圾。”

“好的，老板，我会完成这个项目。”

“是的，亲爱的，我开车送孩子们去上学。”

一生之中，我们因为说“是”得到很多奖励、支持和肯定。当我们热情地说“是”时，会得到微笑、加薪、奖励和关爱，这百分之百也是应该的。

不要误解，我们也喜欢“是的”。我们的业务其实是建立在“是”之上的。从根本上说，“是”确实很棒，是最令人满意的表达方式，我们希望你能够完全自由地对生活中所有你真正想说“是”的事情说“是”。

但当你想要掌控你的大脑时，太多的“是”会“杀”了你。

这时，太多的“是”会消耗你的能量，让你困惑，让你觉得为了让其他人能稍微暖和一下你每天都在燃烧自己。如果你想对最好的人说“是”，大脑就需要对其他一切说“不”。你需要选一个，不能两者都选，因为时间不够。

案例研究："是的"国王从他的宝座上退了下来……赢了!

和很多人一样，当特拉维斯·里斯沃尔德（Travis Risvold）来接受辅导时，他也是"是"领域的佼佼者。作为世界上最好公司之一的财务顾问，他一直坚定地说"是"。每个激励过程，每位要会面的潜在客户，每个服务请求，每次行业地区会议，来自每个人的每件事，他都答应了。

实际上结果非常好。在建立保险和投资业务7年后，客户都很喜欢他。他赚的钱比家乡90%的人都多，在家乡赢得了"4个40岁以下"的奖项。他在当地的教堂和商会有很大的影响力，很受欢迎，如果你需要做点什么，你问特拉维斯，他肯定会答应的。

问题在于他会答应所有的请求，不做任何选择。当我们开始和特拉维斯合作时，他总说"是"，以至于他没有了说"不"的能力。所有这一切的副作用开始显现：

- 他在公司每周工作70个小时。
- 他每周还要花10～20个小时在教堂和社区做志愿者的工作。
- 他的健康出了问题，筋疲力尽，体重增加，血压急剧上升。
- 他开始憎恨所有人。

- 因为他总对每个客户说“是”，他的潜在客户太多了，需要付出大量精力才能得到很少的回报。
- 当一个很好的潜在客户（高净值个人）出现时，他经常能嗅到机会，但因精力分散而缺乏准备。

“是”把他逼到了真正的崩溃点，除非他开始说“不”，否则情况不会好转。重要的是，他要开始对好的、平庸的东西说“不”，这样他才能对真正伟大的东西说“是”。我们知道，这一切听起来都很好，但说起来容易做起来难。

没有人喜欢“不”

是这样的，没什么大不了的，只是感觉不太好，我们不喜欢听到“不”，也不喜欢说“不”。我们的大脑中有很多神经回路，这并不可怕。

回想古时，如果我们要在某个部落生存，最糟糕的事情就是被部落赶出去。如果你孤身一人，没有家人或宗族来保护你，那就是死路一条。

被赶出部落最快的方法就是和首领产生分歧，或者被认为是对部落没有贡献的人。社会交往和取悦他人（尤其是权威人士）变得很重要。因此，经过数百代人的教育，我们对不能取悦他人有着根深蒂固的恐惧，这种恐惧根植于我们的基因之中。

在过去，拒绝实际上意味着死亡。很明显现在已经不是这样了，但拒绝仍然非常可怕。当你说“不”的时候，你就冒着被拒绝的风险。所以我们抵制它，因为这对我们不利。

T Ris 协议（The T Ris Protocol）

因为特拉维斯比大多数人有更强烈地说“是”的倾向，所以我们马上实施了以下几个策略。

- 我们必须做好铺垫，让“不”成为比“是”更令人愉悦的选择，同时让那些需要他说“不”的人更容易接受。
- 我们只需明确一些具体的事情来拒绝。你不能一开始就直截了当地让所有人离开，对吧？我们必须做好备战准备。

我们意识到解决方案实际上是通用的，在这里包括了TRis协议。基础部分集成在了本书中：

- 明确自己的核心价值观和公司的目标、愿景，这给了特拉维斯强大的内部指南针，加上足够的使命感，他根本不在乎别人怎么想。

- 通过这种清晰的思路，再加上两小时解决方案的常规实践，他有了完备的计划和前进的动力，让人们不想妨碍他（以一种健康、尊重的方式，而不是专横、可怕的方式）。
- 系统地提升自我对话能力，开启了他的“金钱磁铁”，这样，高质量的客户和潜在客户会率先进入他的日程表，这自然给浪费时间者或“无须考虑”的客户留下了更少的空间。

这些基础能支持特拉维斯，让他保持活力而不感到绝望。对于销售专业人士来说，他不费吹灰之力地提高了自己的销售业绩。然后，特拉维斯可以战略性地说“不”，这对他来说真的很有趣。

- 他释放了大量的正能量。
- 他几乎完全消除了负罪感和羞耻感。
- 他的“每小时”营收增长一夜之间超过2倍。
- 他赚了更多的钱，实现了以前认为不可能实现的目标，而现在的工作时间只是过去的60%。
- 他喜欢和漂亮的妻子和刚出生的儿子待在一起，这一切真的很美好。

说“不”的成果就是特拉维斯掌控了他的大脑，你是不是要考虑效仿呢?

对某些人说“不”

我们不可能对所有人说“是”。我们希望它有所不同，但事实并非如此。当我们对多数人说“是”的时候，我们会本能地认为我们拥有最大的影响力，但生活并非如此。

当我们对多数合适的人说“是”的时候，我们的影响力确实最大。实际上，我们可以在能力范围内帮助他们。你的回答的质量和数量一样重要。当你试图对每个人说“是”的时候，你最终会伤害到每个人……尤其那些你最关心的人。这就是“是”真正适得其反的地方。

特拉维斯确定了三组他不得不放弃的人，两组在他的事业中，一组在他的生活中。

对商业群体说“不”：特拉维斯的 B 类和 C 类客户

特拉维斯所就职的公司，和其他很多公司一样，把客户划分成不同等级的做法很常见，而且随着商业机构规模越来越大，这种做法就变得绝对必要了。在任何行业中，向销售专业人员教授如何做到这一点是众多书籍和教练计划的主题，因此我们不做赘述。让我们以积极的心态进行工作，并在此过程中消除一些内疚感。

使用A、B、C、D划分等级听起来太主观，以至于我们会感觉很糟糕。不管用什么评分标准，你都很容易觉得自己在评判一个人的价值。但请明白这不是你要做的，你不是在给客户划分等级，而是给你影响他们的水平划分等级，作为回报，他们会影响你或你的业绩。

只要看看特拉维斯的日程表，就很容易辨识出划分的客户类别。一旦确定了B类和C类客户，操作步骤就非常简单了……不需要拼命地追赶他们。特拉维斯要接受一个现实，即他不再是菜鸟了。

在他职业生涯的最初五年里，特拉维斯做出了一个很恰当的承诺：抓住每个机会，努力工作。在最初的五年里，这是正确的做法，几乎在任何行业都有一个加速阶段，在这个阶段要竭尽全力前行。

但从第六年开始，80／20法则就要发威了。很明显，他20%的客户基础确实创造了80%的收入。那20%的人，即A类客户，他们崇拜特拉维斯，信任他，很少找麻烦，他确实从中获得了最大的价值。另外80%的人喜欢和他交谈，所以会无意识地提出问题和设想，但只有当他打电话给他们的时候才会这样，所以他决定把这些人放一放。他现在每6～12个月给这些人打一次电话，而不是每3个月打一次，只是为了“看看发生了什么事，他是否能提供帮助”。仅因为这个改变，每周就能腾出5～10小时了。

对商业群体说“不”：想象中的虚构

特拉维斯要倾注大量精力的另一大群人是他想象中的虚构人物。每天他的日程表上都安排了2～6个通话，他觉得有义务联系这些人，这些人是公司过去十年里某个阶段的客户。现在，这些通话没有给公司带来任何收益，超过90%的时间，这些人不接电话，即使接了，效果也一般。这里的关键是，这些人并不期待他的电话，他们真的不在乎。在很多情况下，他们甚至认不出特拉维斯这个人。

很长时间以来，这些通话都毫无效果，特拉维斯开始害怕打这些电话了。每当他在日程表上看到一个电话号码时，大脑就会立刻抗拒，结果是，他把打电话的日期推迟八周。你可以想象这样做的结果是什么。每周他都要面对越来越多浪费他时间的人，但他还认为无论如何他都有义务打这个电话。其实这一切都是他自己想出来的，打这些电话的“需要”是他想象出来的，所以他要完全停止这些，因为精力完全不够。

我们使用的方法是：没有把这些电话重新安排在八周之后，而是重新安排在一百年后。但特拉维斯不觉得他完全抛弃了这些可爱的人，他“一百年后会做这件事”。2019年的日程表上也满是打电话的安排，但并没有给他带来太多压力。这是另一个变化，这样做解放了特拉维斯，每周有了额外的5～10个小时，以及用之不竭的能量。当他看到这周的任务清单时，不再感到恐惧，只有热情、感激和世界级的动力。

对那些只会吸人血的人说“不”：能量吸血鬼和彻头彻尾的浑蛋

特拉维斯需要拒绝的第三类人（可能也是你需要拒绝的）是一小群人，这些人真的很差劲，有些人真的会通过闲聊和消极情绪的宣泄，从你身上吸走积极的能量。这些人有很强大的负能量场，希望你不是“受害者”。如果你觉得自己是，我们真的很高兴你读到了这本书。

作为一个信息输入源，跟你打交道的人对你有巨大的影响力。如果你有孩子，你会留意孩子们跟谁一起玩，对吧？因为你知道，不管愿意与否，孩子们彼此之间会有影响，而且这个影响会持续到成年。博恩·特雷西（Brian Tracy）认为：“选择不合适的同龄人交往可能毁掉一个人的一生。”所以，我们必须积极地监控这个输入源，要勇于拒绝那些现实中糟糕透顶的人。

作为一个讨喜的人，特拉维斯不得不做出这样的调整和适应：

实际上我并没有对他们说“不”。我对八卦、戏剧和负面情绪说“不”。如果他们感染了荨麻疹，我就会远离他们，也会让我的家人远离他们，我不会为此感到内疚。八卦、戏剧和负面情绪比荨麻疹对我更有不良影响，它们只是在某种程度上更容易被社会接受。当我这样看的时候，就很容易避免那些糟糕的人消耗我的能量了。

重温“太＿＿＿”

对糟糕的人说“不”的优雅方式是选择让你感到满足的人和项目来替代他们，推动你前进。你开始忙着和一位令你振奋的朋友共进午餐，而没有时间和别人聚在一起喝咖啡发泄消极情绪了。有时，掌控大脑需要用更多的积极思想来驱赶消极思想，选择与你打交道的人也是一样。

特拉维斯·里斯沃尔德现在的日程表中罗列的都是那些对他来说非常重要的人，没有空间给那些消耗他能量的“呆瓜”了……即便偶尔碰到一个，以他强大的能量和耐心，效果会立刻反弹。这是另一个很难超越的点。

对某些活动说“不”

“也许比待办事项清单更重要的是停止待办事项清单。”

——吉姆·柯林斯（Jim Collins）和许多其他人

除了要对某些人说“不”，还要学会用要么外包要么直接忽略的方式对待一些工作。这样做会让你受益。准备进入学习的状态，你即将学习如何掌控大脑，而且要成倍地增加你的效率。

激励的数学

刚才说到了80／20法则，它不仅适用于人，也适用于我们的活动或时间：

- 20%的活动产生80%的结果。
- 20%的时间产生80%的收入。

我们来做一些和客户曾做过的计算：

如果约翰尼（Johnny）一年挣10万美元，每周工作50小时，有2周的假期，那么他每小时挣多少钱？

这看起来很简单吧，每周工作50小时，一年工作50周，也就是2 500小时。10万美元除以2 500小时，约翰尼每小时赚40美元。对吧？

当运用80／20法则适用于约翰尼的时间时，你可能就不这么想了。现实是，约翰尼有一段时间拿着像明星医生一样的薪水，也有很多时间拿着十几岁的少年在快餐店打工的薪水，我们每个人都是这样的。

按照80／20法则，约翰尼20%的时间能净赚80%的收入，即他每年500个小时的时间净赚8万美元，每小时赚160美元。然后，他一年中的另外2 000小时共赚2万美元，那就是每小时10美元，这比很多地方的最低工资还要低。

当特拉维斯意识到这就是他的现实处境时，他几乎无法忍受了。

你肯定也遇到过这样的状况，我们的客户百分之百都遇到过这种情况。如果你的收入比约翰尼高（或者你正朝着那个方向努力），当你意识到你做了很多低工资的工作而错失真正有价值的工作机会时，你无法忍受的感觉会更强烈吧。

我们的客户提到，当他们开始对80%的时间和几乎没有回报的活动说“不”时，他们很快就从掌控大脑这件事上受益了。有两种方式说“不”：你可以把工作外包出去，或者干脆跳过去不做。

外包：看在上帝的分上，付钱给别人吧

有些你可以不做的活动是经典“红色时间”活动，如文

书工作、组织活动和后勤事务，这些事情需要做，但不需要太多的脑力或注意力。

这些类型的工作迫切需要你付费去做。为一份每小时10美元的工作付20美元看起来不划算，但如果你意识到这一小时你可以赚160美元，那就很划算了！关于如何外包或委托工作在这里就不深入讨论了。在这方面对我们影响更大的是蒂莫西·费里斯的经典著作《每周工作4小时》（*The 4-Hour Workweek*），推荐你读一读。

我们鼓励你做的是，请放弃你比别人做得更好的想法。一天只有那么多时间，我们必须选择如何度过。做出明智选择，让你的团队来处理这些问题。一笔小小的投资和一点点的“放手”会让你受益匪浅。

直接跳过它

还有一些事情你可以直接放手。现在我们就能听到你脑子里的声音：

“真的吗？你是说有些事情我根本就不应该做，就像这件事从来没有发生一样？”

是的，你说对了。

这样的事情可能不是很多，如果我们和你一起做教练辅导，很快就会发现你应该放弃一小部分的活动。还记得特拉维斯和那些重新安排了一百年的通话吗？我们的建议也是如此。

浪费时间、精力和金钱的最大原因之一就是我们试图把根本不需要做的事情做得完美无缺。下面是罗杰生活中一个最普通的例子。

案例学习：跳过它

我们都喜欢圣诞贺卡，和所有的朋友一样，我们每年给数百人寄出带有全家福照片的圣诞贺卡。直到2018年，在公司业务非常繁忙时家人出现了健康问题，但我抽不出时间来解决这个问题。

在12月10日左右的某个时间，我的妻子（坦白地说，是她负责所有圣诞贺卡的制作）看着我说："我觉得今年的圣诞卡根本发不出去了。"所以，没有一个朋友在2018年收到赛普的圣诞贺卡。但你知道吗，根本没有人注意到这个。

不是因为我们没有收到负面反馈，而是没有任何反馈。对朋友们来说，没有赛普的圣诞贺卡根本没有影响，对任何人都是这样。请不要误解我的意思，我们喜欢圣诞节，也爱我们的朋友，但很显然，我们每年花在这件事上的时间和金钱在很大程度上是不必要的。当我们跳过它时，效果为零。

在你的事业和生活中，我们敢打赌，你的圣诞贺卡一定可以少一些，一些就好。帮自己个忙，做一些看起来有必要的事情，然后考虑以下问题：

- “这是我需要的吗？我感觉这也许是我在给自己讲一个故事？”
- “如果我跳过这个，会发生什么？”

实际上，我们鼓励你在很多领域尝试“跳过”，可以从以下这些方面开始。

你知道如何立即回复每一封邮件或短信吗？试着跳过它，看看那个小小的“不”能在多大程度上提高你的效率。这是一小步，但它可以通向很多美好的地方。

“是”是美妙的，“是”是美丽的，但掌控你的大脑需要你说“不”。

本章回顾

- “是”可能是语言中最好的词，但过多的“是”会害惨你。
- “是”是我们的预设思维，掌控你的大脑需要努力说“不”。
- 你可能需要对某些人说“不”，比如那些价值不高的人。
- 几乎可以肯定的是，你需要对某些活动说“不”，遵守 80／20 法则，要么将工作外包，要么干脆跳过它。

第11章

断舍离：整理环境，掌控大脑

没有所谓的多任务处理，只有同时做不止一件事的意愿。

——罗柏·兹比尔斯基（Robb Zbierski）

我们在这里与大家分享的“反直觉”策略可能也是最直观的策略，这对掌控大脑至关重要。毕竟，在同一时间处理少量事情和一堆事情，哪个更容易应对，一目了然。

可有趣的是，当我们为本书做市场调查时，每当本书的主题以“整理”出现的时候人们总会说：“哦，天哪，我需要这个吗？”或者“伙计，我的下属需要了解这些吗？”

这是个问题，为什么我们要不断被提醒扔掉不需要的东西呢？如果它对我们的成功、进步或生活没有作用，我们为什么要坚持囤积这些，任其消耗我们呢？这与我们在第1章中讨论过的穴居人心态（Gaveman metality）有关。穴居人心态（什么让我受苦？我如何与之抗争？）、YOLO（you only live once，你只能活一次）和FOMO（fear of missing out，害怕错过），让我们拼命抓住一切可能的事物，并且“以防万一”地坚持下去。在我们快速发展的世界中，我们抓住每个小东西：推文、更新、技巧、窍门、书籍、小册子、思想、名言、想法等。然后，如果不进行适当的清理，它们就会累积起来，直到你真的看不到成功，因为它被一堆垃圾挡住了视线。

说到整理，你要关注两个方面：

1．物理整理

2. 精神整理

让我们先来分别看一下，然后讨论它们实际上有何相似之处。

物理整理

我们之前讨论过欲速则慢的想法。有时慢下来意味着有些东西要移除才能保持平衡，这意味着减少畜群、减掉肥肉、修剪杂草等。你想要更好的结果吗？让生活变为零和游戏，消除任何不能保证你“赢”的东西。罗柏举了个例子。

案例研究：整理

当我和太太在伊利诺依州买了房子安顿下来时，我们切身体会到整理房间对未来生活的重要性。这个缘起也挺有意思。

我们邀请亲朋一起庆祝乔迁。当我们把食物拿到后院露台上时，闻到了一股刺鼻的气味——臭鼬的气味——这幢房子紧挨着一条繁忙的马路，我猜一定有车辆撞到了臭鼬。但我错了，几分钟后，我们发现，气味正是从露台地板下面散发出来的。晚餐很快被搬进屋内，我们打开空调，关闭窗户。

接下来的几周里，我们不断在房子和院子外面的各种地方寻找气味的来源。因为我们有一对三岁双胞胎宝宝，气味使孩子们在院子里的活动空间很受限。

一天晚上，我和妻子看到一只臭鼬从后院露台地板上跑过，我们决定缩小搜索范围。我们把时间缩短为两分钟，范围是后院露台下方和房子旁边的灌木丛。

我们决定把这变成与臭鼬的零和游戏，因为砍伐灌木要比翻开露台地板容易得多，我们就从灌木开始了。任何一个买了房的人都知道，买房的第一年总是有很长的“蜜月”清单。刚入夏时，我们花了一个周末清理旁边灌木丛中枯死的树枝，所以我对将要面临的状况很清楚。

当我把凌乱的灌木丛砍倒时，枝条又长又乱，显然，要想整理好灌木丛，唯一的办法就是全部砍掉。

我们有点担心房子周围没有绿色植物会是什么样子，直到我回头看到今年早些时候我们清理过的其他灌木丛长得很茂盛才安心了。任何一个懂园艺的人都知道，为了确保植物生长，需要清除已经枯萎的部分。如果不清理这些，会影响周边仍存活的植物，而留下平平无奇的景观。

灌木丛就这样消失了。同时，我们最终发现那只臭鼬在露台地板下。在这里，我们获取的经验是，消除旧的线索创造新的机会。

我们弄清楚了臭鼬不在哪个地方，这也让我们把后来的灌木丛改造成了一个可爱的花园。露台地板肯定被拆掉了。

诚然，臭鼬、花园、露台地板不会帮助你更成功。让我们来看看在其他场景中，物理整理会带来哪些积极改变。

成堆的文件下面是成堆的业务

玛丽（Mary）是公司里最优秀的房地产经纪人，在当地或全州都是这个行业的代表人物，她的领导能力赢得了业界好评，一直稳居公司最高级别经纪人的位置。

玛丽要处理很多事情，她的办公桌面经常是乱七八糟的，这并不是因为她懒散，而是事情太多了，产生了大量"副产品"。她一般一个月整理一次，然而，每当玛丽的生意停滞不前时，她总是喜欢清理桌面。

用她的话说："我不知道这是为什么，每当我要寻找一项业务、达到一个目标、打破一项纪录或扭转局面时，我总是在彻底清理办公桌后就找到了。"有时候我会发现一个失去的潜在客户，而有时候我会有更多的精力，因为我不想考虑整理自己的烂摊子了。不管情况如何，我确实知道，每次我花时间彻底清理和整理工作空间时，我总会发现至少有几千美元的佣金是我之前没有发现的！"

请不要弄错了——在她的文件下面并没有成堆的美元。但是钱会从那些突然打电话给她的人身上或她跟某人联系后得到。

通过从她的处境中去除杂乱、干扰和“混乱”，玛丽洞悉了赚钱和继续发展业务的机会。

罗杰用他的车做了同样的事情。

罗杰花很多时间在他的车里。我不知道他是怎么做到的，我说的是4小时、6小时，有时甚至8小时的出差路程，只是为了和客户对上话。在家里，他经常接送一两个孩子上下学、运动、去海滩或去朋友家。正如你所能想到的，大量的快餐包装纸、收费站收据、汽油收据、书籍、传单、运动器材、咖啡杯和衣服堆积在车里。我不是让你把罗杰描绘成一个丑陋、邋遢的形象。我之所以告诉你这些，是因为几年前他和我分享了他买新车的经历。

当他买了新车后，他把保持车子整洁作为自己的使命。这意味着他每周都要去洗车，来保持车内外的整洁。这个新习惯的副产品很令人惊喜，且可持续，一个月又一个月地打破他的个人销售和收入记录（在工作20多年之后）。

这有点像你试图找出对哪种食物过敏。医生或营养师做的第一件事就是把你饮食中的各种食物逐一去掉，直到你几乎什么都不吃为止。在那之后，他们慢慢地引入一种新食物，直到你的身体可以接受它。只有在证明你的身体对这种食物不过敏之后，才会在食物中添加另一种食物。同样，在你的大脑中，有时你只需要把所有的东西都拿出来，从头开始。这样做，往往让你拥有比过去更好、更清晰、更快、更有效的新思维。下面是一个例子。

几年前，我在一个记忆力培训研讨会上认识了乔治（George）。他是个一丝不苟的学生，经常问问题。当他换工作的时候，找到了我，因为他有些困惑，需要一个教练来帮助他跨过自己的门槛。（听起来很熟悉。成功人士的一个共同点是寻求帮助，尤其寻求精神上和结果上的突破。）

在教练的过程中，我发现乔治保留了他读过的每一篇文章。这些文章都是他知道的每一位教练、导师或自助专家写的。在经过一些坦诚的交流之后，乔治终于告诉我他自称是一个“个体发展狂”（“Personal development alcoholic”）（这后来成为我最喜欢的台词之一）。多年来，他收集了6～8个保险箱，里面装满了从互联网上打印出来的文章、从杂志和报纸上剪下来的文章，以及他收集的行业期刊。这些收藏品占据了他的客厅。他的妻子不喜欢这个收藏，因为客厅看起来更像图书馆和囤积狂的组合，让她不能宴请宾朋。

有趣的是，根据乔治的说法，这些保存下来的文章他从来没有再看过。他认为一些东西有用，就把它塞进了盒子，心里想着："以后我还会用到。"不用说，"在未来的道路上"从来没有发生过，乔治的杂乱是他在家庭、工作和婚姻中受挫的主要原因。我相信你能想象接下来发生了什么。

乔治在几周的痛苦时间里，弄清了自己的需要。最终的结果是，他处理了超过80%的、曾经认为需要的资料。我们帮他整理了餐厅。好消息是，乔治和他的妻子三年来第一次举办了晚宴。此外，乔治的经营业绩也开始有所改善，因为他不再为自己没有阅读的东西而感到痛苦，而是更加专注于为客户服务。不久以后，他就做上了公司的第二大生产代理商的位置。

这听起来对你有帮助吗？接下来是"整理"的过程。

一种减负 70% 的快速方法

整理大脑最好的方法之一就是做练习，但阅读也是一个清除冗余的好方法。让一些新的观点和想法进来，补充或取代你已经形成的旧的想法、信念和习惯是件很棒的事。

我知道，"多读书"的提醒已经让你有些倒胃口了。但是很多时候，阅读和学习的欲望会随着你"应该"阅读的内容的列表而变得有些"过度"。

你有一堆"我要读的"东西吧，你知道我说的是什么。

它们可能是你在某个会议上买了几个月还没打开的行业期刊、书籍等。它们就在你身后，或者就在你的视野之外，这样你就不会因为没有读它们而感到有压力。每次看到它们时，你都会有应该开始的念头，这反过来也会让你找其他借口“不读”它们，相应地，也增加了压力。让我们防患于未然吧。

下面是我们与客户分享的几个步骤，这通常使他们的阅读量至少减少70%：

第一步：汇总所有你收集的材料，把它们放在一起。

第二步：根据每件物品对你实现目标的重要性，按照1—10的等级对其进行排序。如果有一件对你的成功至关重要，它是10；如果它与你的工作或生活无关，或者它已经堆在那儿一年多了，它就是1。把每一堆东西按其等级分好（提示：你最终会得到10堆东西）。

第三步：把所有评为6或更低的东西全部扔掉（或联系附近的回收站解决问题）。

第四步：通过你的两小时解决方案（见第9章）安排你的最佳时间来阅读“7及以上”的材料。

第五步：享受额外的时间、知识和经验，花适量的时间阅读正确的信息，与目标保持一致。

备选方案是什么

“那又怎样？”你可能问：“我这辈子都在努力让事情变得更好，我做得也很好！”一切都很好，但你可能没有意识到，过度投入会让你有时处于不启动状态。而随着时间的推移，不启动状态会使大脑四处游荡，不受控制。

精神整理

这一章是关于臭鼬、囤积狂、凌乱的汽车和办公桌的故事集，看完之后对你有帮助吗？通常，在生活中，我们与人相处时，面对金钱或工作项目时，很容易进入“投入过度”或“化简为繁”的状态。之所以会这样，是因为我们只是“顺其自然”，而没有真正去做任何事情，无论对错。

从本质上讲，大脑容易顺其自然，产生一些对我们无益的想法。其中一些想法真的很糟糕，就像农民必须一丝不苟地清理掉田里的杂草一样，我们也必须管理自己的思想、信仰、输入信息和周围环境。最好的办法是清除旧的东西，有时候，甚至需要刀耕火种的方式。

我们经常要以积极的状态来养成习惯，但是很多时候，习惯带来的问题比进步要多。花点时间整理你已经养成的习惯是进行精神整理的最有益的方法之一。

培养新思维习惯

你在飞机、火车或汽车上会读什么、看什么和听什么呢？关于杂志，建议买一本《连线》（*Wired*）或*Inc.*，了解下最新的技术和趋势，不建议再看《人物》（*People*）这样的杂志了；当然，电影也是很好的选择，可以尝试看Netflix或Amazon Prime上的纪录片，这有助于你扩大知识面，使你与朋友和同龄人相处时更有谈资。

整整一章的内容都是关于如何开始你的一天的，请最后一次评估你在做什么，以及在一天中的什么时候做？你可以用新的肯定或想法来“喂饱你的大象”，以确保每一天从第一分钟开始就处于优化的状态。

问更多更好的问题。最重要的事情之一是我看到人们在面对对手时最常用的应对方式就是想当然地认为对方是怎样的，而不是质疑它有什么不同。每当你经历失败、失误或损失时，问问自己最好的结果可能是怎样的，这很重要。随着时间的推移，这种观点的转变有助于你应对生活中出现的任何重大干扰。关于如何获得更大的成功，我们听到的最好的建议之一就是“高潮时学会低调，低潮时保持振奋（Keep your highs low and your lows high.）。”“你为保持稳定做的工作越多，你的余生就会变得越容易。”正如那句古老的法国谚语：“训练艰苦，战斗容易（When the training is hard, the battle is easy.）。”

现在开始，你可以做通过调整身体或精神上的状态来重新整理你的生活。定期花点时间做这件事，可以帮助你摆脱障碍、混乱、干扰、困惑和失败。无论身体上还是精神上的全新思路，都会改变你的思维方式和心态，带来更好、更快的结果，有更多的机会让你的生活更美好。

本章回顾

- 有两种类型的清理是有益的：精神的和物理的。
- 从你的环境中移除不必要的东西将使你能够集中精力并最大限度地发挥必要作用。
- 旧习惯很难改掉，尝试新事物。
- 阅读是摆脱思维定式的好方法，但要注意这在多大程度上拓展了大脑带宽。

第12章

善待自己：调整状态，掌控大脑

忘记管理你的时间吧，用管理你的精力来替代。

——哈佛商业评论（*Harvard Business Review*）

保持高电量

为了获得提升，“放慢比赛节奏”（slow down the game）最有效的策略之一就是照顾好自己。照顾好自己的想法已经在过去几十年里被反复关注、谈论和记录，这是有原因的，因为它有效，而且它是你可以集中精力养成习惯、推动积极改变的最简单方法之一。

任何使用手机的人都知道，你需要保护好它才能保证它正常使用。你要及时充电，不能总摔它。罗柏最喜欢的（与他人一起的）场景通常是这样的。

罗柏：你们当中有多少人在醒来的时候发生过这种事，看着床头柜，发现你昨晚忘记给手机充电了？

人群：大部分人都举手大笑，或者嘴里嘟囔着是或不是。

罗柏：好的，那么当你意识到的时候，你的第一反应是什么，你说出的第一句话是不是：“怎么昨晚忘记给手机充电了？”

人群：95%的人说：“哦，糟糕！”5%的人说：“哦，该死！”

罗柏：为什么这是第一反应？为什么要在一天的开始说脏话？这是因为你知道，在这一天，在你必须停止工作去解决这个问题之前，你只能做这么多了。

与我们交谈过的每个人，包括他们的客户、家人、朋友，甚至同事都遇到过自己处于半充电的状态，而且他们都承认，当他们处于需要不断切换状态以保存即将耗尽的能量（也就是停下来充电）时，很难集中注意力在一件事情上。

我生气的时候你不会喜欢我

我们的朋友鲍勃（Bob）就是一个很好的例子。鲍勃是一位国际知名的牙周病专家，他会在一个活动结束后做一个小时飞机赶到下个活动地点。在他最忙的时候，一天要看70个病人。此外，鲍勃还是两个牙科研究俱乐部的主任，其中一个在他服务的区域内。当鲍勃不那么忙的时候，他全年会被邀请在其他学习俱乐部和牙科论坛上讲课，以帮助其他综合牙医和他们的团队学习如何像他那样完成复杂的工作。

有一次，鲍勃和罗柏都被邀请出席一个牙科会议。罗柏在会议的前一天到达，但鲍勃在会议开始的那天早上到达，他在工作了一整天后，搭乘一架横跨美国的红眼航班，才在活动开始前到达。然而，鲍勃早上6点到达酒店时并没有直接去会议室，而是去了健身房，完成快速健身。当我们问他为什么经过5小时的红眼航班（red-eye）飞行后还要去健身时，他的回答简单却令人印象深刻："如果我不去健身，整天的状态会很糟糕。"

这很傲慢吗？是的（但如果你认识鲍勃，就不会这么想了）。但从这句话的字里行间可以看出，鲍勃知道自己很忙，有很多事情要做，知道他需要准时，以便为这个会议带来尽可能多的有价值的分享。如果鲍勃不慢下来30分钟，集中精力做他要做的事情来获得最佳的状态，他就不会：（a）有特别大帮助，或（b）找到参会的乐趣。

不用说，他的方法很奏效。鲍勃的演讲别开生面，是整个会议的亮点之一。这都是因为他有能力停止“磨合”，重新集中注意力。

各种“充电”方法

做什么才能让你的身体充满能量？你有很多选择。

你有怎样的饮食习惯？这不是一本关于营养的书，我们也不是营养学家，但之前谈到的原则也适用于你的饮食：垃圾输入等于垃圾输出。

你工作多长时间后会休息一小时或一天或一个星期呢？你安排好休息时间了吗？你是否充分使用了两小时解决方案（参见第9章）。我们所知的一家《财富》500强公司的首席营销官坚定地认为他的成功之处是每年至少休息两个月，这个结论是确凿无疑的，用他的话来说：“当我只用10个月的时间去完成12个月要完成的事情时，我惊讶于我是多么专注、精力充沛和富有成效。”

你经常进行的锻炼是什么？再说一次，我们不是在做健身和营养的生意，但是我们知道很多人的人生发生改变，只是因为他们做出了更积极的决定。写这本书的时候，罗柏的祖母处于老年痴呆症晚期，他的母亲也患这个疾病。这是一个漫长而令人沮丧的过程，没有任何规律或理由能说明那是好日子或坏日子。今天她笑着拥抱每个人，第二天她就以为我们想偷她的东西，还咬护士。虽然这段路还很长，会有很多美好或不美好的日子，但毫无疑问，当她有机会四处走走的时候，她会迎来最美好的时光。

选择读本书的人，我们都想象你是喜欢帮助别人的人。你明白为他人的事业或生活带来价值会增加你自己的价值。但有一件事要记住，为了让你能给他人提供最好的帮助，你首先要帮助自己，抓紧时间休息和充电。

正如特蕾莎修女所说：“看看离你最近的人，帮助他。”对于和我们共事的许多人来说，最亲密的人就是自己！把注意力放在别人身上，而损害了自己的幸福、健康、精力或“自留时间”，一般而言是没有帮助的。你可以自私一点，花点时间照顾好自己。但不要为休息一整天、一周或两个月而感到有压力，就像新型手机一样，“充电5分钟，通话两小时”。

善待自己

我们在前1章讨论了如何控制你的自言自语，这个方法也适用于如何善待自己。毕竟，思想会变成感情。这些感情创造情绪，而情绪是驱动身体行为和改变的动力。

你和自己说话的方式，所说的内容，以及你选择使用的词汇，都会对你在每件事上能否取得更大的成功产生影响。你用来描述自己的方式和词汇往往对你的生活品质产生最大的影响。我们遇到或交谈过的许多人都没有掌握这种经常被忽视的善待自己的简单技巧。

我们给自己施加了太多不必要的压力——养家糊口的压力，工作上的压力，或者成为一个伟大的配偶、伴侣或父母的压力；在社交媒体上获得“点赞”和“分享”的压力，赢的压力，由于感受压力导致的压力，压力导致思想和情感转向更容易接受的东西，即幽默，但这种幽默往往导致自嘲。

“自嘲和自虐似乎只有一线之隔。你对自己说话的方式往往决定了你最终生活在这条线的哪一边。”

——罗柏

但这是一个滑坡效应。毕竟，大脑对消极的东西敏感。从本质上来讲，他更容易让想法、措辞和感觉是消极的。而其他人总是与消极情绪相关联，所以你最终没有任何理由，只是尝试与人相处。你最终牺牲的是自己！

停止自嘲，至少试着最小化它，它不为你服务，只会适得其反。这是一个例子。对于“最近怎么样”是这样回答的：“比我应得的要更好。”

从表面来看，这似乎还不错。有点好笑，有些模糊，似乎暗示了某种程度的感激。但你的大脑听到的是：

“我不值得拥有成功、幸福或值得庆祝的理由。事实上，我很幸运能活到现在。”

然后那个人总是感到困惑，为什么“事情不像我想的那样”或者“为什么人们不尊重我”？

简单地选择让自己受到尊重，并相信自己是“值得的”，有助于塑造一种自信的氛围。自信会让你与众不同。掌握这种善待自己的技巧，你会对他人更友善。随后你会发现，很快有很多人向你寻求支持、指导和建议。因为当你“着火”时，人们也会从几英里外赶来看你“燃烧”的。

你看起来了不起

另一种善待自己的方法是实实在在地关心自己，包括你的外表和穿着。在我们继续之前，我们不会重提《穿普拉达的女王》（*The Devil Wears Prada*）里梅丽尔·斯特里普（Meryl Streep）斥责安妮·海瑟薇（Anne Hathaway）穿天蓝色毛衣的场景。但是，我们确实需要谈谈外表如何帮助你感觉良好，以及它对心理状态的影响。

弗兰克・贝特格（Frank Bettger）在他的畅销书《我是如何在销售上从失败走向成功的》（*How I Raised Myself from Failure to Success In Selling*）中谈到，他早年做的一件事是，为了让自己看起来整洁得体，他每两周安排一次理发来保持自己的风格，这使他能够把精力集中在销售上，单从书名就能看出效果了吧。

在任何初级销售培训课程中，他们总说要穿得比你的客户好一点点。一位曾在纽约一家规模很大的杂志做广告工作的朋友，他总是坚持穿西装打领带去参加自行车公司（因着装随意而臭名昭著）的会议。当被问及原因时，他简单地说："当我要找客户或资源的时候，我总想成为房间里最帅的人。"

其实，关于时尚的力量及其在商业中的实际作用这个话题已经有很多的书籍和文章了。举个例子，有个教练换了供职的公司，为了在新的组织里有一个全新的开始，她马上进行了造型改造（从发型、化妆到服装）。她觉得是时候改变一下了，首先要变的就是外表。随后我们听说她在新公司打破了业绩记录。

很多好影片是关于外表如何影响自信的。推荐艾迪・墨菲（Eddie Murphy）和丹・艾克罗伊德（Dan Aykroyd）的

《交易位置》（*Trading Places*），它是关于外表如何影响商业上的成功的。这是一部当之无愧的R级经典电影（美国电影分级，R级是建议17岁以上观看，17岁以下必须由父母或监护人陪伴观看的影片）。

就算不提电影，也是时候关注一下自己的穿衣风格了。几年前，我们在服饰上投入了巨资，当开始与高级公司和组织有更多的合作时，百货公司的西装就不能满足我们的需求了。

是时候剪个新发型了。

罗柏：

我经常一整年不断变换发型，就是为了改变，过去12个月的发型包括长发、短发和光头。有一年我还蓄了胡子。很有趣的是，当我把一个蓄着胡子的家伙的大头照寄给木材批发协会后，这个男人就在协会上出现并发言了。

其他的一些建议可能看起来有些琐碎或肤浅，但如果这些事情在你的改善列表中，可能让你感觉更好、更自信，那就试一试吧：

- 你需要换个新发型吗？
- 需要遮盖或去除文身或者纹个新文身吗？
- 换副新眼镜、隐形眼镜或做个激光矫视手术吗？

- 新妆容？
- 新衣柜？
- 新套装？
- 你想让你的牙齿变整齐、变白或更换（种植牙更赞）吗？
- 新车？
- 新的公文包或者手袋？
- 新鞋？新鞋带？有趣的袜子？

可能性是无限的，尽情享受吧。如果一个小小的改变能增强你的自信心，那整个练习都是值得的。

本章回顾

- 给身体“充电”有助于照顾好你的想法。
- 在需要的时候休息。
- 知道自己的极限。
- 善待自己。
- 你的外表会影响你的心理状态。

第13章

倾听：运用沉默，掌控大脑

你有两只耳朵和一张嘴，请恰当地使用它们。

——佚名

你说那是最好，一切尽在不言中。

——艾莉森·克劳斯（Alison Krauss），格莱美奖得主

虽然这不是一本关于“沟通技巧”的书，但人们可以通过关注沟通技巧来真正掌控自己的大脑。也就是说，要关注如何进行自言自语，以及如何与他人进行交谈。生活中很典型的状况是人们节奏太快，而口头交流降低了他们的效能。随着短信、电子邮件和社交媒体的普及，人们的对话变得越来越短、越来越少、越来越远了，最令人担忧的是，对话听起来本质上是反应性的，而不是连贯性的。几年前，我们一般认为晚上9点以后属于过度使用的时间，而现在，我们似乎把时间留给了手机或计算机，随时与各种哪怕是排在最后的各种角色进行交流。然而，当你认为一条短信就可以搞定工作时，往往适得其反，甚至引出一连串与最初要讨论的主题完全无关的各类信息。

要警惕可怕的 MFAS

生活和工作中你遇到过这样的人吗？他能应对所有问题，哪怕是从未被问到的那些问题；或者无论怎样别人都要附和自己的观点。相信你一定遇到过这样的人，我们都遇到过。也可能阅读本书的一些人现实生活中就是这样的，说实话，很长一段时间我就是这样的人。这是一种痛，我认识的很多人都有这种痛苦经历。我创造了一个简写——“MFAS”

（Male / femal answer syndrome, 男 / 女回答综合征）来描述它。这是一种强大的疾病（我不是医生，但感觉像患病了一样），如果不加以治疗，它可能扼杀沟通、信任、人际关系和所有乐趣。慢下来了解MFAS试图何时、如何偷偷地渗透进对话，对在任何互动中提高你的人际交往技能，并且实现你想要的结果，是至关重要的。

MFAS源于大脑中无用的默认设置的堆积。它对消极输入很敏感，容易被紧迫的事情消耗，反而漏掉重要的事情；它安于稳定，不追求进步。如果你忘了这些，请回到第3章看看。对于个体，这些倾向会严重影响你的生活，堆积在一起起作用时会影响工作效率和结果。

MFAS通常无意中就启动了。或许在你想要分享新获取的信息时，或许在你想知道其他人是否也跟你有同样的积极或消极的一段经历时。这都没有问题，只要留心一下MFAS是何时何地以怎样的方式启动的。

尽管大脑并不喜欢消极信息，但确实对此敏感，对任何负面输入的信息都非常敏感。遗憾的是，一旦识别出了消极信息，大脑就立即跌入消极轨道。如果你不小心，你的大脑很容易反射性地附和一些消极的东西。

在“消极占上风”的游戏中，没有人是赢家

在关于旅行或度假的各种小插曲的交流中，令人沮丧的消极情绪频频发生。关于旅行、度假和出席活动过程中的很多不可思议“精彩片段”就是一个接一个的故事。例如，房间有多糟糕，多长时间的等待，食物有多贵，租来的车里的难闻气味，听起来是不是很熟悉？其间的谈话，几乎总是关于不可避免的消极结果。

说到MFAS，还有关于消极的另一种解释，那是一种其他人看起来或听起来感觉比你更聪明的威胁。

威胁你统治地位最迅速的方法是直接的口头攻击，不管这些话是真是假。这和下意识的反应非常像，但很难被阻止，口头的MFAS表述，无论如何都会被冒犯者听到并记在心上。

MFAS也表现在个人对某事的内在渴望，当内在渴望超过了要倾听、敞开接纳或接受另一种观点的能力时，问题就出现了。

我遇到过很多这样的状况，两个人在某个话题上其实观点是一致的，但每个人都有某种程度的MFAS，以至于他们只是为了让别人觉得自己是对的就开始争论。事实上，MFAS蒙蔽了他们，让他们看不到他们其实是没有分歧的。第一个家

伙用经典的MFAS语句“嗯，你知道……”开场，然后开始论证他的观点，另一个人很恼火（而且很固执），你可以想象接下来会发生什么吧。第二个家伙抛出了MFAS经典反驳句“是的，但是……”。他接着说出了自己的看法。争吵最终导致两人朝着对方大喊大叫，表达他们的观点，却根本没有意识到他们实际上完全同意对方的观点。

随着时间的推移，不受控制的MFAS削弱并最终破坏人们的关系，那些曾以分享和坦诚为基础构建的关系，现在变成了一种短时交流，而且越来越少，越来越远。人们会停止与亲朋好友的分享交流，以减少大家在讨论时不请自来的各种看法。人们不愿分享假期的故事，是因为不想听家人以自己的视角描述假期中发生的故事。也许他没有告诉任何人已经和伴侣分手了，因为不想听任何人对此事的看法。

想想看，有多少次你因为害怕被别人评判和讨论，或者仅是没心情去听别人的那些自以为是的反馈，而不愿分享了？穿上别人的鞋子走一里路试试，你愿意跟别人分享吗？这到底是在倾听，还是在回应？

处理和治愈 MFAS

令人感到欣慰的是，就像大多数疾病一样，MFAS能够得到治疗并最终治愈。这并非一朝一夕就可以实现的，但是你可以做些事情减少或最小化MFAS，开始过上正常、健康的生活。下面提供了一些策略。

停止关注一切

对付MFAS最简单的方法之一是不要太在意任何事情。请注意：我并没有说停止关心，我说的是少关心一些。当你在每件事上都投入大量精力时，你就会希望获得良好的回报。对大多数人来说，就是什么都操心，对每件事都有自己的看法，要分享。全面考虑各种影响因素，我可以直接告诉你，这很烦人。

具体来说，更不要在意那些你无法控制的事情。比如，航班延误了，除非你是令飞机不能起飞的原因，否则你没有任何控制权，就让航空公司去做吧。堵车了，除非你是肇事者，否则保持冷静，用常识避免卷入另一场事故。下雨了，我对此无话可说。如果你现在还不知道你不能控制天气，把这本书放下，读其他书吧，因为我肯定帮不了你。

罗柏：

我参加过一个研讨会，在课程中有一个合作伙伴练习，我们被要求描述出可能发生在我们身上的最糟糕的事情。众说纷纭，“如果我失业了”“如果配偶离开我”“如果我没钱了”，然后我的搭档说：“我担心会有一场巨大的太阳耀斑将整个人类灭绝。”我不是想做评判，但那一刻忽然感觉我像戴着一顶白色司法假发的法官。我费了好大劲儿才忍住没说出一句：“嗯，你知道……”请不要过于担心你无法控制的事情，但后来我开始思考，有多少人听她说过这个担忧，她有这份恐惧多久了？她因为这个打断了多少次和别人的谈话？对她来说这是件大事；但对我，这个担忧没有任何价值。

寻找可替代的视角

能灵活转换视角是很有价值的技能。对任何情境，总会有另一种看待它的方式存在着。与人对话时，若你不同意对方的观点，是否有可能找到可替代的视角呢？你不知道与你谈话的人之所以有这样的观点，是因为他们经历了什么。视角均来自经验，无论是积极的、消极的、令人兴奋的，还是无聊的。除非你们一起经历过，否则你根本不知道他们的感受，要接受这些观点，也许就需要另一种看待事物的方式。

决定你评论的价值

我说过，我年轻的时候曾经患有MFAS。上学的时候我是个书呆子，认为要确保每个人（包括老师）都很好地理解我的建议非常重要。你猜怎么着？没人觉得这很重要。这使我提出了许多非常无益和不值得讨论的观点和看法。至少，在你开口之前，问问自己（然后回答）以下问题："我的评论或问题是在增加还是在减少谈话的内容？"换句话说，你说的话只是为了增加词汇量，还是给谈话带来价值？

我见到的另一位专业演讲者，他分享了一个至今仍让我共鸣的理念：

> 如果事情不重要，那就不要说。
>
> ——泰班纳特（Ty Bennett）

天啊，我不得不一遍又一遍地提醒自己这件事！谈话毫无价值 = 我说不出话来！

请注意并请停止使用以下术语。它们都是你启动MFAS的标志性话语：

- 你知道的……
- 是的，但是……
- 实际上……
- 嗯，我听说……

- 问题是……

留意你是怎么开场的。如果这些MFAS触发器反复出现，你可能受益于回顾上述策略。上面的每句话都有潜台词：

- 你认为自己知道的比别人多。
- 你重视自己的思想和信仰甚于他人。
- 你可能相信八卦。
- 你可能无知。
- 你可能只是想超过别人。

在你说出想法之前，试着花点时间整理一下你的想法。确定你是在增加价值还是在减少价值。活在当下，参与对话，然后决定张口说话。这样做，相信你周围的人不仅会感谢你，还会开始向你寻求建议、意见和指导，因为他们最终会重视你的分享。

请把你的手指拿开

MFAS也可以表现在身体上。最典型的是，一个人尽其所能地帮助别人，即使这不是对方想要的。

从根本上说，人们都喜欢帮助别人，我们在第8章中讨论过这个问题。下面是我在课堂上喜欢讲的一个例子。

我会假装和一部想不起来名字的电影较劲儿，给这部电影非常模糊但很容易找到的线索，比如“一个男孩住在一个农场里”“这个男孩有一条他非常喜欢的狗”“所有的动物都生病了”，以及“最后，这个男孩不得不让狗安乐死”。不可避免地，有些学员会在线索只列出一半的时候大喊“老黄狗”（“old yeller”），从而了证明我的观点——人们喜欢帮助。

但如果这是一种人们无法控制的情况，通常你能做的最没有帮助的事情就是把自己置身其中。毕竟，“厨房里厨师太多”总会引发更多的问题。

我看到一个陌生人在孩子受伤时将孩子的父母推开，因为他认为自己可以做得更好。那个陌生人此刻被深深地吸引住了，她甚至没有意识到那个孩子跑向的成年人是她的父母，而他们都是医生。这很尴尬吧。

在开始“拯救世界”之前，先冷静下，评估一下你的帮助是否真的有用，或者你是否会阻碍人们完成他们要做的事情。另一种选择是考虑每个可能情况，这可能导致人们（朋友、家人、亲人）故意把你排除在外，而不是关注你。如果你发现自己被邀请参加某些活动（假期、晚宴、婚礼）的次数变少了，想一想，你是否在这些活动中出现过MAFS。

对阅读本书的一些人来说，这一章令人困惑和沮丧。而对其他人来说，这一章将真正拯救你的人生、你的人际关系和你的事业。无论哪种情况，避免MFAS不是一蹴而就的。关键是从小处着手，从那里开始构建，这就是下一章的全部内容。

本章回顾

- 每个人都喜欢帮助别人。要注意你的帮助在什么时候、什么地方是真正有用的。
- 当你能在谈话中增加价值，而不仅是提供一个观点时，请加入对话。
- 如果放任不管，MFAS 可能导致关系疏远及信任感和参与感的缺失。

第14章

微启动，微加速，重塑心智，从小处着手

大事始于隐微。

——劳伦斯（T.E. Lawrence），《阿拉伯的劳伦斯》（*Lawrence of Arabia*）

复利是世界第八大奇迹。

——阿尔伯特·爱因斯坦（Albert Einstein）

成功人士通常认为，实现目标的最佳途径是一开始就引起轰动。有时这是对的——我们之前讨论过如何过好一天或做好一个项目的开始和结束，从而走向成功。但是，比你想的更多的是，结合微加速的微启动是与大脑最友好的相处方式。

哈德逊湾起点

英国顾问兼作家彼得·汤姆森（Peter Thomson）通过音频节目“世界上最伟大成就的秘密”向我们介绍了所谓的哈德逊湾起点（Hudson Bay Start），对我们的业务产生了重大影响。摘录如下：

哈德逊湾公司（Hudson Bay Company）早期是为从哈德逊湾出发的毛皮商提供给养的公司，1670年首次获得特许经营，目前在加拿大拥有500多家门店，仍保持强劲势头。

这家公司使用的方法被称为哈德逊湾起点——沿着河上游（或下游）行进几英里（1英里=1609米），然后停下来扎营，就走几英里。他们为什么这么做呢？

他们之所以在走了几英里后很快停下来，是因为他们的旅程是冒险的未知之旅，要完全地确定是否带了所有需要的物资，如果落下了什么，走一小段路就能想起来。

所以，在开始远航之前，这样的暂停是绝对必要的，尽管在短暂、宝贵的交易季节里稍稍“浪费”了一些时间。

“哈德逊湾起点”对我们有什么启发呢？

对于个人：

也许是准备前往度假地的一大早，先停下来好好吃个早餐！如果有些东西已经被遗忘了，还来得及回去取。

对于商业发展：

假设你和团队做一个项目，也知道与项目有关的各种风险，

那么，有什么比做好计划，开始采取行动，然后迅速停下来进行评估更好的选择吗？

作为团队领导，你要问问自己以下几个问题：

- 在看到团队成员的行动表现后，你觉得为这个项目选对了合适的人吗？
- 团队成员们表现出正确的态度了吗？
- 我们是否获得了完成既定目标所需的各种资源？
- 我们忘记了一些重要的事情吗？

对于个人和商业发展还有一个共同的问题是：

- 这个目标正确吗？

很常见的是人们在旅途中没有停下来看看，评估并确定一下花在实现目标上的时间和精力是不是最合适的。

你出发的时间越久，走得越远，失误的影响作用越可能加重。

这和哈德逊湾起点的想法是一致的。早点儿停下来想一想，确保我们能发现进程中的任何错误，或者有机会取回完成任务所需要的东西。

太多，太快

现实生活中你见过这样的人和事吗？事业起步如闪电般迅速，但在第一年的中途就草草收场，完全没有实现目标；还有，一支球队上半场打得很出色，结果下半场却被对手追上，最终输掉了比赛；再有，有人经常踢腿健身，却因锻炼过度而受伤。

其实人们都一样，都会遇到这些情形，当然这令人不悦。快速启动在多数时候是不错的，但我们都知道最重要的不是如何开始，而是如何结束。在追求“太多、太快”的过程中会有一些陷阱，如果不小心，“热启动”（hot start）可能是导致“冷结束”（cold finish）的根本原因，甚至有时根本无法达成目标。我们的欲速则慢原则与哈德逊湾起点的想法一致，本章将展示这个原则是如何起作用的。有时快速启动是优势，但也会存在“过快启动”的隐患。下面我们先看看“过快启动”存在的一些问题。

思维陷阱 1：“快速启动”让你筋疲力尽

罗杰第一次跑马拉松的经历既生动又老套。当他40岁的时候，他想做一些伟大的、有象征意义的、挑战体能的事情，所以他报名参加了26.2英里的麦迪逊马拉松比赛。由于从未参加过长跑，这对他来说是件大事。他认真训练了四个月，每周稳步增加里程，直到他站在起跑线上，感觉真的不错。事实上，这并不好。

罗杰写道：

我们来看看全程26.2英里的马拉松：

- 你无法作假——训练中的不足之处会显露出来并吞噬你，这够难吧，所以要训练。
- 如果你已经训练过（就像我一样），你会在比赛开始时感到自己势不可当。

一场大型的马拉松比赛开始时，你会感受到赛跑者的能量在流动。数以千计的赛跑者争先恐后地奔跑，成千上万的观众在欢呼，《虎眼》（*Eye of the Tiger*，《洛奇3》主题曲）

在喇叭里轰鸣，真的很棒，连空气中都能感受到活力，当出发的枪声响起时，人群涌出了大门。

如果你多次完成8~12英里的训练跑，就可以在最初的8~12英里感觉非常棒，在前6英里你绝对是超人。再加上现场的氛围和自我暗示——“老天爷，我终于做到了”的影响，你随后会很容易过早松懈。

我就是这样。尽管我会调整自己的速度，但当时奔跑的感觉非常棒，以至于我开始在跑道上飞奔，狂呼乱叫，与眼前的每个人击掌，扭动身体，场面相当壮观。

最初的兴奋持续了整整4英里，随后肾上腺素和内啡肽开始起作用了，我跑完了8英里。当我跑了三分之一的时候，我似乎远远超过了我的“比赛速度”，感觉棒极了。甚至在快到一半的时候（13英里），我仍然在我的目标时间（4小时）内跑得很好。遗憾的是，我很快就意识到自己在不知不觉中掉进了“走得太快”的陷阱。“它很快就变得不好了。”

13.1英里（比赛的中点）：一位观众递给我一杯啤酒，听起来比实际情况要好吧。

15英里：我感到胃部轻度痉挛，并且迅速有了“糟了”的感觉。

16英里：开始感到头晕目眩，我对我的跑伴（他是三次参加铁人三项比赛的选手）说：“兄弟，我真的不舒服。”他拍拍我的背，告诉我可以做到。

17英里：我开始视觉模糊。当我告诉跑伴“嘿，我看不到”时，他问：“你的眼睛睁开了吗？”

17.1英里：用手指检查后，我说：“是的，眼睛是睁着的，但我看不见。”他说也许我们应该走一会儿。我的膝盖抖得厉害。

17.2英里：我试着轻轻地坐下来休息，却完全失去了对身体的控制。我感觉像直接倒在了殡仪馆门口修剪整齐的草坪上，翻了个身，之后动弹不得。

我已经达到疲劳极限（bonked）了。你可能不熟悉这个术语，它指的是我的肌肉会耗尽主要能量来源（糖），导致几乎所有代谢暂时停止运动。这发生在我身上的原因很简单，在比赛开始的那一刻，我太投入了，把所有的能量都耗尽了。那个错误使我在到达终点线前就被击倒了，这就是代价。

我最终站起来完成了比赛（这是一个重大的胜利），但它并不漂亮。比赛的前半段不到两个小时，后半段是三个小时的长途跋涉。快速启动，极慢结束。

为什么要分享罗杰的长跑故事？不仅是为了让罗杰有机

会“炫耀”一下（好吧，也许有点），还因为这是第1个思维陷阱的实际应用案例。跑马拉松需要大量体力，需要你成功地控制好自己的节奏。罗杰的起步太快，消耗了太多能量。要实现目标和突破就像跑马拉松，它需要长时间的、大量的精神能量，也需要调整自己的节奏。

好的开始很重要，但是好的开始并不总是意味着能最后冲刺。

思维陷阱 2：“过快启动”会让你抓狂

2017年2月5日，美国的超级碗星期天（Super Bowl Sunday），亚特兰大猎鹰队（Atlanta Falcons）没能击败新英格兰爱国者队（New England Patriots）而错失冠军，他们没有，但他们本可以，或许应该可以，只是他们疯狂的开局让他们远离了集体舒适区，以至于最终失守了。

看看这场比赛，亚特兰大猎鹰队处于劣势，新英格兰爱国者队是投注者的最爱，这也理所当然。爱国者队由史上最伟大的四分卫汤姆·布雷迪（Tom Brady）和史上最伟大的教练比尔·贝里切克（Bill Belichick）率领，此前曾6次参加超级碗，并4次赢得冠军。他们训练有素，机动灵活，像机械系统一样严密，他们是王者，习惯于获胜。另外，亚特兰大猎鹰队有很多天才（尤其在进攻方面），但他们太年轻，缺乏经验。

此外，亚特兰大猎鹰队是历史上有过在关键时刻失败的经历的球队。亚特兰大当地体育记者博马尼·琼斯（Bomani Jones）常说，在时间完全耗尽之前，他永远不会相信自己的主队会赢。琼斯经常说："直到0:00，你必须打赌他们会找到一个让你心碎的方法。"这些年来，他们不断地伤害着球迷的心。

但在超级碗比赛中，从第一场比赛开始，猎鹰队就像着了火一样。在进攻方面，他们的跑动占据了主导地位，每一次跑动都很有效，这让爱国者队看起来有些懵。在防御方面同样有效，猎鹰甚至向布雷迪施压，跑回来触地得分。在第三节中段，他们强势领先，28比3，但最后他们输掉了比赛。

这并非在某个特定时刻发生的变化，但你能感受到整个球队的攻守氛围发生了转变，他们变得越来越紧张，几乎可以听到他们的自言自语，从"嘿，我们要'杀'了这些家伙"变成了"等一下，我们不该这么做。我们是猎鹰，他们是爱国者"。爱国者迅速追击猎鹰，在超级碗比赛的最后15分钟，发生了前所未有的转变。

猎鹰队的溃败和爱国者队的回归具有历史意义。许多文章和书籍都详细描述了比赛的细节，猎鹰一个接一个的失误导致：

- 爱国者队的信心暴增。
- 猎鹰队的紧张局势加剧，比赛质量下降。

如果你不知道结果，但也可以猜出来。爱国者队在比赛结束时追平了比分，并在加时赛中以34比28的比分大胜。

关于贝里切克出色的教练、布雷迪泰然自若的领导、爱国者队如何赢得冠军等，已经有太多描述了，这都是真的。如果你理解冠军精神，至少，猎鹰队输掉了一场他们掌控的比赛，他们开始时如此迅猛，领先了很久，把自己都吓坏了，最后却只能退回他们的舒适区。

我们在客户中看到的例子：

- 销售人员抓住了一个很好的机会，完成了一笔巨额交易，这使他们在年中就完成了全年的销售指标，随后在接下来的六个月里，他们连个纸袋都没卖出去。
- 顶级经纪人开始疯狂“买热搜”，随后他们失去了优势，从数据流量的顶部滑到了中部。
- 企业在竞争中遥遥领先，似乎它们将在未来几十年主导整个行业，然后，他们就停止创新，被竞争对手甩在后面。

这就是为什么伊索寓言中的“龟兔赛跑”的故事广为流传。天赋或运气可以让你有一个良好的开端几乎是陈词滥调，最有才华的人会被那些起步慢但致力于不断提高的人打败。当你掌控你的大脑时，不要让一个快速的开始吓坏自己。

思维陷阱3："过快启动"会让你庆祝得太早

努力工作总是胜过天赋，除非天才努力工作。

——凯文·杜兰特（Kevin Durant），NBA超级巨星

太热烈的开场的最后一个陷阱是，它可能导致你太早庆祝。你可以以如此令人难以置信的速度开始，并取得如此大的进步，以至于在游戏结束前你就被冲昏了头脑，完全停止了。

体育运动中总会有这样的例子，其中一个团队或个人取得了不可逾越的领先，最后却输掉了比赛，这种现象频繁出现。只要在谷歌或YouTube上搜索一下"过早庆祝"字样，你就能看到大量让你畏缩的视频。在你能想到的每项运动中——篮球、排球、田径、足球、网球——都有几十个或几百个这样的例子出现，其中一方领先了非常多，以至于看起来永远不会被赶上，但最后他们被超过了。

有时是因为过于保守，"为了不输而比赛"，而不是继续全力以赴，观看2015年包装工队（Packers）和海鹰队

（Seahawks）之间的NFC冠军赛的最后三分钟，你就知道我们说的是什么了。有时是因为忽略了那些最初让你占据领先地位的小细节，有时是因为炫耀，不管怎样，过早庆祝是过快启动的最令人尴尬和沮丧的陷阱。

应对“过快启动”的良方：从微小做起

千里之行，始于足下。

——老子，中国哲学家，《道德经》的作者

请注意，掌控大脑并不意味着你不该快速而坚定地开始。我们都喜欢快速启动。如果你能在2月15日前完成一半的年度目标，我们都很乐意。如果你能以如此快的速度提出一个可持续的新想法，让你的竞争对手手忙脚乱，一定要做。强大的开始很了不起，但是掌控大脑更多的是关于强大的结束。让你陷入困境的不是快速启动本身，而是爱上快速启动，然后陷入第一次开始时的心理陷阱，这就是问题所在。

那么，该怎么办呢？从小处着手。

试着从小处着手，然后不断改进。

你应该熟悉百日立卧撑跳挑战赛（100-Day Burpee

Challenge）吧，这是一种健身运动，我们做过几次，有时和客户，有时只有我们自己。我们不确定这是否真的只是一个挑战，或者它更像一个协议、流程、生活方式，但这是个很好的掌控大脑还有身体的例子。

这些规则看似简单，实则不然。

1. 你承诺连续100天，每天做一些立卧撑跳。立卧撑是一种全身运动，包括平板支撑、俯卧撑和深蹲运动。
2. 从尽可能小的地方开始，慢慢地提高可能性。第1天，做1个立卧撑跳。第2天，做2个立卧撑跳。第3天，做3个立卧撑跳，以此类推，直到第100天做100个立卧撑跳。
3. 立卧撑跳的动作不需要一次完成，你可以把它们分成几个部分。
4. 你可以不当下完成，但请你及时补上。如果你错过了一天的立卧撑跳，你可以在第二天做，以保持正常节奏。

就是这样。听起来很简单，事实也的确如此。然而，简单并不意味着真的就简单，它会逐渐变得困难，这就是掌控大脑的力量所在。100天的立卧撑跳挑战会让你在几乎不用关注自己的情况下变得强壮。原因是：

1. 很容易开始。不管身体有多弱，你绝对可以做1个立卧撑跳。1个立卧撑跳大约耗时4秒。生命在于运动。这就是有价值的地方：有意的慢启动在刚开始是非常棒的。

2. 它利用你的自然力量增强机制。渐进式超负荷是任何力量训练的基础，每天一次立卧撑跳的改进就可以做到这一点。

3. 你甚至没有注意到，它让你变得更强壮。坚持立卧撑跳真的很难，但是做1个立卧撑跳很简单。即使你很强壮，做10个立卧撑跳也会让你的心率加快。一旦到了第10～20天，立卧撑跳开始让你出汗，但你的身体已经强壮到可以继续进步的程度了。

4. 你在前进的道路上记录了力量，你的信心也随之建立。在挑战的第一天，如果你被要求做75个立卧撑跳，你可能可以做，但也可能做到呕吐……这需要很长时间。但是当挑战到第75天的时候，你已经有了足够的练习和从第1～74天的渐进过程中获得的耐力，实际上，你可以在相对较短的时间内完成75次的立卧撑跳——一项适当的力量壮举。这种可衡量的进步会产生神奇的效果。

5. 到了中途（大约50天），你就真的可以每天做一些大多数人根本做不到的事情，然后连续做六个星期。在那之后，你为自己赢得了足够的“纪律分数”。实际上你已经把对自己力量的更高层次的信念重新连接到你的大脑……

所有这些都是从小处着手的，然后持续地一点点改进。现在，你可能想尝试真正的100天立卧撑跳挑战，也可能不想，但如果你想掌控你的大脑，找一些你想升级的领域，获得微小的成果。从小处着手，在小的增量中改进。

- 想要阅读更多吗？从每天一页开始，每天提高一页。两个月后，你将每周读一本书。
- 想克服不愿打电话的恐惧吗？从每天打一个电话开始，然后每天提高一个。注意它不会伤害你。在这个过程中，也要不断提高你打电话的技能。一个月后，你会每天打30个电话，三个月后，你会每天打90个电话，很可能你已经在实现目标的路上了。
- 想创业吗？每天只做一件事来推进你的计划。

大的进步都是从细微的改变开始的，掌控大脑也不例外。

本章回顾

- 想想“哈德逊湾起点”是什么。
- 快速启动非常有趣。但过快的开始让你筋疲力尽，感觉抓狂，或者让你过早庆祝。小心这些思维陷阱。
- 通过“从小处着眼”来避免思维陷阱。开始一项新计划的步骤要小到让人觉得可笑，但每天都做些小的、持续的改进。

第15章

掌控激情和卓越

如果你从来没有看过雷·库珀（Ray Cooper）的表演，那就先把书放下，去看看他的表演。在网上搜索一下，就会看到很多结果。请花10～15分钟的时间，真正欣赏一下库珀先生是一个怎样的表演者吧。

如果你不想放下手里的书，我们在这里提供一段摘自维基百科的相关内容：

雷·库珀（1947年9月19日—），英国打击乐演奏家。他是一名巡回打击乐手，偶尔也当演员。他曾与几支不同音乐风格的乐队和艺术家合作，包括乔治·哈里森（George Harrison）、比利·乔尔（Billy Joel）、里克·韦克曼（Rick Wakeman）、埃里克·克莱普顿（Eric Clapton）、平克·弗洛伊德（Pink Floyd）和埃尔顿·约翰（Elton John）。库珀深受20世纪60年代和20世纪70年代摇滚鼓手的影响，如金吉尔·贝克（Ginger Baker）、卡明·阿皮斯（Carmine Appice）和约翰·博纳姆（John Bonham），将一些非常规乐器（对于当时的摇滚鼓手而言），如牛铃、钟琴和管状铃铛嵌入标准成套音乐装备中，组合出了多种多样的音乐类型。时至今日，库珀的打击乐器组合仍在不断改进，音色多样，如铃鼓、康格斯鼓、敲钹、牛铃、转鼓、管钟、锣、军鼓和定音鼓。二十年来，库珀不断磨炼、精通技艺，在1990年，他重塑了自己的音乐风格，代表作是1990—1991年为埃里克·克拉普顿（Eric Clapton）演奏的7分钟打击乐和架子鼓独奏，并且以1994年与比利·乔（Billy Joel）和埃尔顿·约翰的面对面演出，以及1994—1995年在埃尔顿·约翰乐队的巡回演出中的7分钟打击乐和架子鼓独奏而扬名天下。

罗柏：

我曾有幸看过雷·库珀和埃尔顿·约翰的表演，是我所看过的将个人激情和卓越完美地融合到职业生涯中的最伟大的演出。在演出结束后我见到了雷，和他聊天，这是我曾有的最精彩的对话之一，让我对自己的观点更加坚定——要想在比赛中取得最好的成绩，激情和卓越需要携手合作，而非对立。

当雷打鼓的时候，你就知道他在打鼓。然而，雷非常清楚，为了最有效地传递歌曲中最具影响力的打击乐元素，他需要精确地确定自己何时入场，何时退出，以免分散观众对舞台主要表演者的注意力。如果你没有刻意关注，你可能永远不会在舞台上看到雷。但如果你曾有机会看见他，那是很美好的一件事，你永远不会见过一个男人在舞台上笑得如此开怀。但当属于他的时刻一结束，他就立即消失在光影中，将舞台留给其他表演者。

对我来说，雷的例子是激情和卓越完美结合的展示。

很明显，雷激情满满地演奏乐器，他活着就是为了音乐。同时，为了保证在合适的时间提供合适的音乐，他已经磨炼了几十年的技艺，他致力于追求卓越，与我们读到的最伟大的运动员、艺人或商界领袖不相上下。

就像我说的，我有机会见到他本人，我做的第一件事就是称赞他在舞台上的表现，以及他在不演奏时默默隐藏自己的惊人之处。同时他说的话尖锐地令人印象深刻。

“好吧，如果没有激情，那么你做的所有事情都不重要。”

关于激情和卓越之间的对立，是有趣的二分法。尽管几十年来人们在工作中一直致力于要么完善技术，要么追求岗位上的卓越表现，但只有那些对正在做的事情持续保有激情的人们成功地做到了。这个感悟如此重要!

激情 vs 卓越……真的吗

罗柏:

我在自行车行业工作了近10年，周围的人都非常依赖于他们对这个行业的热情和各种活动来完成工作。卓越要么使你半途而废，要么完全被忽视。激情和卓越没有完美结合而是以对立的形态存在着。多年来，我绝对是这些人中的一员。然而，我发现很多人像我一样，试图用激情作为辅助来过度弥补自己的不足，但这种情况不能持续太久。

我一直认为热爱自行车，热爱这些活动，热爱这一行对我来说已经足够了，我与客户进行有效的沟通，将热情和兴奋传递给他们，帮助他们在自行车领域变得更有激情。就算我失误了、搞砸了或者没有执行到位，都没有关系。毕竟，我对自己所做的事情充满热情，以至于我可以热情地弥补执行中的任何不足。难道我错了吗?

当我有机会结识一些非常注重卓越成效的行业高管时，人们聚在一起谈论的都是KPI、领导力、ROI等。我和这些人之间有一层巨大的隔阂，而且这种感觉绝对是相互的。

它不是“或”……它是“和”

任何人都需要在激情和卓越之间找到平衡点，更不用说专业人士了。我和数百名专注于激情的人及数百名专注于卓越的人交谈过，发现想办法将两者恰当地结合起来，是保持自己和大脑处于最佳状态的秘诀。

当我花时间观察自行车独立经销商网络时，亲眼证实了这一点。很多店主都是非常精明的商人，不过，也有很多店主只是喜欢骑车，想把所有时间都花在自行车和骑行上或者花在喜欢骑车的同类人身上，毕竟，这是给他们带来快乐的首选活动。

但是参加线上论坛、逛网店等，就无法让顾客体验到卓越的服务，“激情”也对此束手无策。这是独立经销商数量下降的主要原因之一。其实，不是亚马逊本身的原因，也不是消费者购买行为转变了，而是激情与卓越没有达到最佳组合，只有两者协力才能为客户提供独具特色的、有价值的、有意义的难忘体验。

自行车、高尔夫球、网球、滑雪或摄影等都是需要激情和卓越携手并进才能取得成功的领域。事实上，在每个行业中，都有很多以这样的方式取得成功的公司。

先有鸡还是先有蛋……激情或卓越

这引出了一个问题：是对你所做工作的热情促使你在职业中追求卓越，还是对卓越的承诺会激发你对工作有更高的热情？或者两者兼而有之，但是你可以分别利用它们来同时增强这两者。

看看你现在的工作。你对工作充满激情吗？你每天做的事情给你带来快乐吗？如果没有薪水，你还会做吗？如果答案是肯定的，就太好了；如果不是，为什么不是？差距在哪里？是缺乏技术知识，还是缺乏流程或经验？还是你刚刚进入这一行安定不下来？

如果是你喜欢的工作，你对它充满热情，但似乎又深陷其中（比如“我从这里去往哪里”），在“卓越”的世界里，你能专注于什么来改善你的处境？参加销售培训班对你有益吗？演讲技巧课程呢？你需要加入行业协会吗？拿到新执照了吗？

还记得我们为牙科客户举办的研讨会吗？你能做些什么来实现精神上的突破呢？也许你不是缺乏追求卓越的欲望，而是你缺乏技能。请记住，技能是可以习得的。

如果你的职位能让你展现卓越的才能，但你对这个职位不感兴趣，你能做些什么来提升呢？有时候，仅是重复性地完成任务就能增强自信，提升你对所做事情的激情和兴奋度。如果这对你没帮助，你可以找一位导师帮助你提升，特别是那些和你有着相同经历的人，向他们学习。问一些好问题，更重要的是，敞开心扉倾听答案。

调自己的鸡尾酒

如何掌握激情和卓越的恰当组合或平衡来保持你的领先地位？谁知道？这取决于你自己，但仅通过一个试验肯定不能帮你弄明白。就像我们最喜欢的励志演讲词一样，你似乎找不到解开答案的钥匙，因为它碰巧被一个密码锁锁住了。

它需要像调制“鸡尾酒”一样的方式来为你找到恰当的组合。这意味着什么呢？我们来看看：

你有没有住过一站全包式酒店？通常，这些酒店都在热带地区，有很多活动可以参加，有海滩和游泳池。这样的休假胜地通常有一种招牌鸡尾酒，一般都很甜，由不同种类的酒混合调制，上面插一把小伞，但酒不烈，这样至少可以让客人在一天的大部分时间里保持在“非兴奋”状态。

但这并不适合所有人。也就是说，有些人想要更甜、更浓的朗姆酒，或者淡朗姆酒、大杯朗姆酒，但这些变化都是根据客人当天想要体验的需求调制的。有些人准备喝一天酒，点的酒稍微淡一点，这样他们就可以一整天都玩得很开心。有些人则想干脆醉倒再努力工作，然后在午睡后爬起来。

最终，如何调制这种鸡尾酒并没有所谓正确或错误的答案。这一切都取决于客人的需要和渴望的体验。掌控激情和卓越组合的“鸡尾酒”就是这样的道理。

永远不要孤立存在，必须两者兼备，但为了达到这一目的，每种成分都需要按比例使用。

与高技术、专业的人（如会计师、律师、牙医、工程师）一起工作可能需要卓越的能力（数据分析、推理、理性）。这些专业人士往往依赖于数据、论据和理性思维对话。你在这些方面的经验将帮助你更有效地沟通，以最快的速度完成交易。

所以，在和这些人接触之前，先花点时间做调查，锻炼你的演讲能力，了解数据。

话虽这么说，你还是不会仅凭数字和冷冰冰的数据就完全搞定他们，而激起他们的激情和情感的能力可以引导他们前行。

当你发现自己与艺术家、运动员、音乐家、教育家或非营利组织合作时，你脱稿演讲的能力和展现激情的肢体动作会帮助你更好地与这些人建立联系。

引导他们的情绪可以让他们更好地与你建立联系，帮助他们寻找交易中的人性因素，描绘出你的解决方案会给他们带来什么样的生活，这是激励他们与你一起工作所需要的。

然后讨论数据，起草合同，开始工作。

罗柏：

我刚刚完成了我的第二次自行车骑行活动。30多年来，很多骑行的人都参加这个为期一天的活动，他们蹬着自行车走了120英里，在三个海拔10 500英尺（1英尺≈0.3米）以上的山上攀爬10 000多英尺的垂直高度，最高的山峰海拔略低于12 000英尺。在与人们讨论该活动时，被问到最多的问题是："你住在芝加哥，到底是怎么训练的？"

简短的答案就是本章的全部内容。我能够找到实现目标所需的激情和卓越的完美结合。我的堂兄也参加了这次活动，并从这种方法中受益。

这一切都始于我们对完成活动充满着激情，希望在完成活动后有成就感。想想站立在12 000英尺的高处，以每小时40多英里的速度冲下山时的尖叫就令人兴奋。最重要的是，我们对在空中举起啤酒杯庆祝感到兴奋，并互相祝贺。

但是，图片、故事和微笑并不能使我们越过这些山丘。我们必须制订一个专门的培训计划。我们不得不让身体做好骑行8个多小时的准备。我们必须安装好自行车，这样我们的身体才能保持长时间的骑行姿势。我们必须调整饮食习惯，以便在整个比赛过程中补给能量。我们必须研究赛程情况，以了解援助站的时间和地点，以便我们能够在不耗尽能量的情况下使用每个援助站。

在活动日，正是激情与卓越的完美结合让我们跨过了终点线。仅是激情并不能让我继续骑行，过于专注于数据也不能让我享受这段经历。只有两者完美结合（这是一整天两者之间的流动关系），才能让我们实现目标。

最终，它将归结为你高水平执行工作时使用恰当的组合比例。有时，你必须表现出卓越，只需要一点天赋和热情；有时，你需要给周围的每个人注入激情，做你正在做的事情，同时保持卓越。但有时，你也需要搞砸一下。你要尝试几种不同的方法，看看什么最适合你，就像第一次尝试新饮料一样：一开始你可能不喜欢它，但随着时间的推移，你会调整配料，不断尝试，直到发现适合自己的正确成分搭配比例。那时，你就是最成功的调酒大师。

本章回顾

- 激情和卓越相结合通向成功，而不是单个或另一个。
- 激情不能替代技能。
- 制作一款适合你和客户的“激情＋卓越”鸡尾酒。

结语

下一步：从哪里开始做什么

每个新的开始都来自另一个开始的结束。

——塞内加（Seneca）

搓出泡沫，冲洗，重复。

——洗发水瓶子上的标签

我们即将结束这段旅程了，我们相信你已经对自己有了一定的了解，并制定或采用了一些让你的世界变得更好的坚实策略。

通常写到这里应该是“结语”部分了，但我们发现，读本书的最后几页，是个起点，也是个终点。这听起来很老土，但是事实。掌控大脑更多的是一个过程而不是一个事件，所以让我们用最后几页来概括、回顾，然后前行。

在介绍中，我们鼓励你寻找一些新的理解或行动步骤。还记得我们说过积极寻找一两种可以马上实现的事情吗？花点时间想想你的一两件事可能是什么。你有很多选择，我们又提供了很多选择。这可能需要你至少花几天甚至几周的时间才能完成。所以现在翻回对应部分看看你划的重点和记的笔记是非常明智的。

刚开始你听到的是罗杰怎么被一个身高不到一米五的老奶奶甩在身后的，然后罗柏在“砰砰砰砰”声中觉得自己错过了精彩内容。然后，你获得了有关如何使用本书的一些技巧，包括一个关于“多数”通常是错误的小知识。

然后你就看到了具体章节：第1部分给了你一些很好的基础和科学的理解。

第1章　减速，加速，大脑四处游荡……我们到底在说什么

- 放慢速度意味着……
- 更快地获得结果意味着……
- 大脑如何四处游荡

第2章　了解和运用潜意识

- 意识蚂蚁，潜意识大象
- 你的两个大脑说着不同的语言（不像西班牙语和意大利语，更像法语和德语）
- 清晰为王
- 你的大脑就像一个学龄前儿童……没有“不”这个概念
- 什么、为什么与如何

第3章　了解和运用脑电波

- 你的牙齿里没有西兰花，但你的大脑在振动
- 同频共振和吸引力法则
- β、α、θ和δ脑电波的“兄弟情谊”
- 一天的开始和结束是至关重要的

第4章　大脑的默认设置：对我们有用吗

- 你不是一个坏人，但你的生存机制不再那么有效了
- 大脑过分强调消极的东西
- 大脑很容易被紧急事件消耗
- 大脑渴望安全

第5章　2毫米原理与突破瓶颈的秘诀

- 小的变化会造成巨大的差异
- 发球台上的高尔夫球和肯塔基赛马
- 寻求帮助
- 获得投资
- 离开

然后我们进入第2部分，在那里我们开始研究方法、技术和战术。

第6章　通过掌控输入来掌控大脑：借助大脑编程自动输出结果

- 重新审视β、α、θ和δ脑电波
- 赢得一天的开始
- 赢得一天的结束

第7章　通过掌控内在声音来掌控大脑

- 你的牙齿里仍然没有西兰花，但你的大脑总在和你对话
- 你的大脑和你之间的对话（你的自言自语）决定或毁掉你的生活
- 这种对话要么有意为之，要么无意为之
- 塑造和影响你的自我对话的“过程”

第8章　用有趣的清晰力量来掌控大脑

- 拥抱不在乎的力量
- 忽略那些消耗你能量的人
- 弄清楚你为什么太________

第9章　两小时解决方案：掌控你的这一周

- 每周花一大块时间和自己开个会
- 在帮助别人之前，先戴上自己的氧气面罩
- 弄清楚你这周想要完成什么
- 愿意在这个过程中坚持几周
- 在工作中使用几个最有力的词，如“我想要，但现在不行”

第10章 掌握说“不”的艺术来掌控大脑

- 我们的回答是肯定的
- 太多的肯定会害死你
- 对某些人说不，尤其那些差劲的人
- 对某些活动说不

第11章 断舍离：整理环境，掌控大脑

- 物理上的整理
- 精神上的整理
- 减少你的阅读量
- 清除你周围的“垃圾”实际上会给你带来新的、意想不到的成长和繁荣的机会

第12章 善待自己：调整状态，掌控大脑

- 了解自己的极限
- 锻炼
- 善待自己
- 理个发，或联系他人，或种植牙，或者换一套新衣服

第13章 倾听：运用沉默，掌控大脑

- 抵制在任何事情上附和你观点的诱惑
- 没人在意你的抱怨
- 避免使用以下词语："是的，你知道""事实上""好吧，我听到的是"
- 先同意后反对

第14章 微启动，微加速，重塑心智，从小处着手

- 强大的开始很有趣，但重要的不是你如何开始，而是如何结束
- "太快"的开始可能导致崩溃
- 疲惫不堪，抓狂，庆祝得太早……
- 解药：从微小开始行动（尝试做立卧撑跳）

第15章 掌控激情和卓越

- 雷·库珀是个帅哥
- 高水平的执行需要激情和卓越的结合
- 激情不能作为你工作的拐杖或替代品
- 不同的激情和卓越才能与不同的受众建立联系

确实有很多需要消化的内容。但你无须每件事都做得与众不同，可你确实想做一些不同的事情。

那怎么办？你要做的一两件事是什么？升级你的认知能力？有两小时解决方案吗？在早上、晚上或者两个时间段都对大脑进行重新编程了吗？做一些练习？厘清思路？雇用教练？其实，这些问题有很多可能“正确”的答案，所以现在花点时间把你的答案记下来吧。我们甚至会给你一些额外的空间，让你确定两方面的理解和两个行动步骤。请认真地拿起笔总结吧。

思考：通过本书，获得的新理解或更清晰的强化。

1. ______________________________

2. ______________________________

行动：我将采取以下行动步骤来掌控我的大脑。

1. ______________________________

2. ______________________________

最佳表现大脑

无论你认为自己学到了什么，我们都希望你能进步，就是你能更始终如一地进入心智最佳绩效模式。心智最佳绩效模式是：无论你在做什么，你都能以最佳状态优雅而成功地完成，你会感到轻松，觉得实现这一切很容易。

建议你回过头看看第3章的内容，在这种心智模式下，你同时拥有很高的β脑电波和θ脑电波，或者至少有那种同时充满活力和放松的感觉。

我们的杰出导师珍妮特·阿特伍德和玛西·西莫夫总结出了“目标、专注、不紧张”这句话，作为达到这种状态的通用法则，它真的很有效：

- 目标：为你想要完成的事情制定一个目标。
- 专注：把你的思想集中在那个意图上。
- 不紧张：释放你的力量与强烈的信任感，“像闪电一样向四面八方出击”。

以下是关于如何保持最佳表现的个人描述。

1. 弄清楚

清晰明确是第一步，是你的基础，你的王牌，你的“一件事”，无论你用什么词来表达都是这个意思。我们说过，提高你对自己想要什么及为什么想要的清晰度，是你能做的掌控大脑的最重要的一件事，请不要错过这一点。

变得清晰意味着设定一个目标，确立一个愿景，并在你的脑海中有一个清晰的画面，明确你想在哪里结束。这个画面给你的潜意识大象提供了必要的指引和前进的动力。最优的性能始于清晰明确。

2. 保持专注

表现最佳的大脑专注于：

- 明确你想要的最终结果，就像我们刚刚描述的那样。最好的方法是在早上、晚上和两小时解决方案中，花几分钟来想象一下。回到第2章来看一下为什么这如此重要，并在第7～9章磨炼你的技巧，使你的大脑始终如一地以这种方式集中。把大脑集中在你的最终结果上，即使只有一次也会让你精力充沛。每天坚持一点点，坚持几周，就会建立起你想要的平静与自信。
- 给“能量罐”加满油，并一直保持充满状态。经常将大脑专注在让你感觉良好的人和事上，尽可能避免那些让你筋疲力尽或紧张的事情。在这里，感恩是你最可靠的盟友。
- 下个正确的步骤是，当你专注在最后的结果和满罐的能量时，你只需要相信潜意识大象确实在向“绿洲”行进。你的主要工作就是听从你的直觉，专注于下一步。如果你愿意，你的大脑、上帝和宇宙之间的联系将指引你的脚步。进行下一个正确的，紧接着，下下一个，以此类推。

把注意力集中在这三件事上，你的大脑会处在最佳状态。

3. 行动起来，保持放松

没有行动，什么也不会发生。如果你想达成目标，你就要朝着既定方向采取行动。如果你的大脑中有一个目标画面，让你感觉很好，那就是采取行动的时候。坚定、自信、坚持不懈地去做，开始行动吧。

4. 获得帮助

我们在“突破”一节中讨论过这个，它值得重复。在路上寻求帮助，接受那些来自他人的想法、支持和责任的承担。事实上，不只是敞开心扉……还应积极接受这种帮助。

我们相信，阅读本书对你来说是一个好的开始。谢谢你陪我们走了一段，希望很快能再见到你。

——罗杰·赛普和罗柏·齐比尔斯基